土木工程疑难释义丛书

砌体结构疑难释义

附解题指导

（第三版）

施楚贤　施宇红　编著

中国建筑工业出版社

图书在版编目（CIP）数据

砌体结构疑难释义/施楚贤，施宇红编著．—3版．
北京：中国建筑工业出版社，2004
（土木工程疑难释义丛书）
ISBN 7-112-06565-8

Ⅰ.砌… Ⅱ.①施…②施… Ⅲ.砌块结构—问答 Ⅳ.TU36-44

中国版本图书馆 CIP 数据核字（2004）第 040144 号

本书系配合砌体结构教学及应用《砌体结构设计规范》（GB 50003—2001）和解决工程技术问题的一本著作。全书分为疑难释义和解题指导两部分。本书从砌体材料、砌体强度、砌体结构设计方法、无筋与配筋砌体构件及配筋混凝土砌块砌体剪力墙计算、混合结构房屋墙柱设计、墙梁和挑梁的计算以及砌体结构房屋的抗震设计中选择了近 90 个重点和难点问题，采取一问一答的形式，逐一进行分析和解释，并从中列举了 28 道有代表性的例题作解题思路和解题技巧指导。

本书可作为大中专院校土建类专业师生的教学辅助用书，亦可供土建工程技术人员参考，也可作为注册结构工程师专业考试的复习用书。

* * *

责任编辑：郭　栋
责任设计：彭路路
责任校对：王　莉

土木工程疑难释义丛书
砌体结构疑难释义
附 解 题 指 导
（第三版）
施楚贤　施宇红　编著

*

中国建筑工业出版社出版、发行(北京西郊百万庄)
新 华 书 店 经 销
北京云浩印刷有限责任公司印刷

*

开本：787×1092 毫米　1/16　印张：11¼　字数：278 千字
2004 年 7 月第三版　2005 年 3 月第五次印刷
印数：12001—14000 册　定价：**15.00** 元
ISBN 7-112-06565-8
TU·5738（12519）

版权所有　翻印必究
如有印装质量问题，可寄本社退换
（邮政编码　100037）

本社网址：http://www.china-abp.com.cn
网上书店：http://www.china-building.com.cn

前　言

　　本书是在《砌体结构疑难释义》（第二版）的基础上修订的，保持了原书内容简练、实用的特点，除对原书作进一步修改外，增写了砌体材料、砌体施工质量控制等级、砖砌体和钢筋混凝土构造柱组合墙、配筋混凝土砌块砌体剪力墙的设计与计算方面的内容，还增写了底部框架-抗震墙房屋及配筋混凝土砌块砌体剪力墙房屋的抗震设计。

　　全书由两大部分内容组成。第一部分为疑难释义，系针对砌体材料、砌体强度、砌体结构设计方法、无筋与配筋砌体构件及配筋混凝土砌块砌体剪力墙计算、混合结构房屋墙柱设计、墙梁和挑梁计算以及砌体结构房屋的抗震设计中的重点和难点，选择了近90个问题逐个地加以分析和解释。释义时力求结合实际，切中要害，深浅适中，且紧密结合《砌体结构》教材，归纳了其有关章、节的学习重点和要求，在内容上则尽量避免重复。第二部分为解题指导，是在疑难释义的基础上，选择了28道有代表性的习题采取边解边议形式，既分析解题思路，又指出设计计算中应注意的关键问题和易疏忽之处。本书既是土建类《砌体结构》教学的辅助书，也是帮助土建工程技术人员释疑解惑的工具用书。

　　本书第一部分由施楚贤撰写，第二部分由施宇红撰写，全书由施楚贤修改定稿。

　　由于我们水平有限，书中错误之处敬请读者批评指正。

目 录

第一部分 疑 难 释 义

1 砌体材料 ·· 3
　1.1 何谓多孔砖、空心砖? ··· 3
　1.2 何谓混凝土小型空心砌块砌筑砂浆? ····································· 3
　1.3 何谓混凝土小型空心砌块灌孔混凝土? ································· 4
　1.4 如何确定砌体材料的最低强度等级? ····································· 5
　1.5 确定砂浆强度等级时为什么要采用同类块体作砂浆强度试块的底模? ···· 5
2 砌体抗压强度 ··· 7
　2.1 如何计算砌体抗压强度平均值? ·· 7
　2.2 如何计算混凝土小型空心砌块砌体抗压强度平均值? ·············· 7
　2.3 砌体抗压强度平均值、标准值和设计值有何关系? ················ 8
　2.4 如何确定混凝土砌块灌孔砌体抗压强度设计值? ···················· 9
　2.5 烧结多孔砖砌体与烧结普通砖砌体的抗压强度有何差异? ······ 10
3 砌体抗剪强度 ··· 11
　3.1 砌体沿通缝截面或沿齿缝截面的抗剪强度有无区别? ············ 11
　3.2 砌体抗剪强度和抗震抗剪强度是如何确定的? ······················· 11
　3.3 为什么剪压复合受力影响系数与荷载效应组合有关? ············ 13
　3.4 如何确定混凝土砌块灌孔砌体抗剪强度设计值? ···················· 13
4 砌体强度的调整 ·· 14
　4.1 为什么有的情况下要调整砌体强度设计值? ·························· 14
　4.2 如何确定砌体施工质量控制等级? ··· 15
　4.3 施工质量控制等级与砌体结构设计有何内在联系? ················ 16
5 以概率理论为基础的极限状态设计法 ·· 17
　5.1 砌体结构按承载能力极限状态设计时有何最不利组合? ········· 17
　5.2 砌体结构是否需要满足正常使用极限状态? ·························· 18
6 无筋砌体受压构件的承载力 ·· 19
　6.1 何谓砌体的偏心影响系数? ··· 19
　6.2 何谓受压构件的承载力影响系数? ··· 22
　6.3 在受压构件承载力的计算中应注意哪些问题? ······················· 23
　6.4 如何计算双向偏心受压构件的承载力? ·································· 24
7 梁端支承处砌体的局部受压承载力 ··· 26
　7.1 上部荷载折减的理由是什么? ·· 26
　7.2 采用何公式计算梁端(未设垫块)有效支承长度? ··················· 27
　7.3 如何计算梁端设有刚性垫块的砌体局部受压承载力? ············ 28

7.4　如何确定梁端下带壁柱墙砌体局部抗压强度提高系数的限值? ······ 29
　　7.5　设置柔性垫梁时砌体局部受压承载力的计算公式是怎样得来的? ······ 30
8　配筋砖砌体受压构件计算 ······ 32
　　8.1　什么是配筋砌体结构? ······ 32
　　8.2　怎样确定网状配筋砖砌体受压构件承载力? ······ 32
　　8.3　怎样确定砖砌体和钢筋混凝土面层或钢筋砂浆面层的组合砌体受压构件的承载力? ······ 34
　　8.4　组合砖砌体受压构件承载力的计算方法可否应用于砌体结构的加固设计? ······ 38
　　8.5　在砖砌体和钢筋混凝土构造柱组合墙中构造柱的作用是什么? ······ 39
　　8.6　砖砌体和钢筋混凝土构造柱组合墙的轴心受压承载力计算公式有何特点? ······ 40
　　8.7　设计组合墙时应注意的问题在哪里? ······ 40
9　配筋混凝土砌块砌体剪力墙设计 ······ 42
　　9.1　何谓配筋混凝土砌块砌体剪力墙? ······ 42
　　9.2　如何确定配筋混凝土砌块砌体剪力墙、柱的轴心受压承载力? ······ 42
　　9.3　如何计算配筋混凝土砌块砌体剪力墙平面外的受压承载力? ······ 43
　　9.4　怎样计算矩形截面对称配筋混凝土砌块砌体剪力墙的偏心受压正截面承载力? ······ 44
　　9.5　怎样计算配筋混凝土砌块砌体剪力墙的斜截面受剪承载力? ······ 46
　　9.6　配筋混凝土砌块砌体剪力墙的边缘构件有何构造要求? ······ 47
　　9.7　配筋混凝土砌块砌体剪力墙的钢筋布置及构造配筋有何要求? ······ 48
　　9.8　配筋混凝土砌块砌体剪力墙中的钢筋是如何锚固与搭接的? ······ 49
　　9.9　配筋混凝土砌块砌体剪力墙中的圈梁和连梁如何配筋? ······ 50
　　9.10　砌块墙体怎样排块? ······ 51
　　9.11　如何作砌块墙体的竖向设计? ······ 53
10　混合结构房屋的空间作用 ······ 55
　　10.1　混合结构房屋的空间作用有哪些分析方法? ······ 55
　　10.2　怎样分析单层房屋的空间工作性能? ······ 56
　　10.3　怎样分析多层房屋的空间工作性能? ······ 58
　　10.4　划分混合结构房屋静力计算方案的依据是什么? ······ 60
11　横墙的最大水平位移 ······ 61
　　11.1　刚性和刚弹性方案房屋中的横墙要满足哪些要求? ······ 61
　　11.2　采用什么公式计算横墙的水平位移? ······ 61
12　墙、柱计算高度 ······ 63
　　12.1　如何确定墙、柱高度(构件高度)? ······ 63
　　12.2　对墙、柱计算高度的基本规定是什么? ······ 63
　　12.3　刚性方案房屋中带壁柱墙或周边拉结墙的计算高度是怎样确定的? ······ 64
　　12.4　单层刚性或刚弹性方案房屋中墙、柱的计算高度是怎样确定的? ······ 64
　　12.5　变截面柱的计算高度是怎样确定的? ······ 66
13　墙、柱高厚比 ······ 68
　　13.1　为什么要验算墙、柱高厚比? ······ 68
　　13.2　墙、柱允许高厚比要作哪些修正? ······ 68
　　13.3　怎样验算墙、柱高厚比? ······ 70
　　13.4　怎样验算带构造柱墙的高厚比? ······ 71
14　墙、柱计算截面 ······ 72

    14.1 为什么墙、柱的计算截面取为等截面? 72
    14.2 计算截面的宽度等于多少? 73
15 刚性方案房屋墙、柱静力计算 75
    15.1 刚性方案房屋墙、柱静力计算的基本假定是什么? 75
    15.2 墙-梁(板)连接处有无嵌固作用? 76
16 刚弹性方案房屋墙、柱静力计算 79
    16.1 单层刚弹性方案房屋墙、柱内力分析的主要步骤如何? 79
    16.2 如何分析多层刚弹性方案房屋墙、柱内力? 80
17 墙体开裂原因和防治墙体开裂的措施 82
    17.1 荷载作用对墙体开裂有何影响?如何预防? 82
    17.2 温度变形和收缩变形对墙体开裂有何影响?如何预防? 82
18 墙梁按组合结构的计算方法 86
    18.1 墙梁有哪几种计算方法? 86
    18.2 怎样确定墙梁的计算简图? 87
    18.3 要计算墙梁的哪些承载力? 89
    18.4 怎样计算墙梁的内力? 90
    18.5 如何计算墙梁中托梁的正截面承载力? 90
    18.6 如何计算墙梁斜截面受剪承载力? 92
    18.7 如何计算墙体局部受压承载力? 93
    18.8 墙梁在构造上应符合哪些要求? 93
19 挑梁抗倾覆 95
    19.1 挑梁倾覆时经历哪三个受力阶段? 95
    19.2 挑梁如何分类? 96
    19.3 什么是挑梁的计算倾覆点? 96
    19.4 怎样确定抗倾覆荷载? 97
    19.5 如何验算挑梁的抗倾覆? 98
20 砌体结构房屋的抗震设计 100
    20.1 在抗震设防地区为什么要限制混合结构房屋的高度? 100
    20.2 如何验算多层砌体结构房屋墙体的截面抗震承载力? 100
    20.3 在多层砌体结构房屋中如何设置构造柱或芯柱? 102
    20.4 何谓底部框架-抗震墙房屋? 105
    20.5 为什么要控制底部框架-抗震墙房屋的侧向刚度? 105
    20.6 配筋混凝土砌块砌体剪力墙房屋能建多高? 109
    20.7 如何计算配筋混凝土砌块砌体剪力墙的截面抗震承载力? 110
    20.8 配筋混凝土砌块砌体剪力墙的钢筋有何抗震构造要求? 111

第二部分 解 题 指 导

    [题1] 砌体抗压强度平均值计算 117
    [题2] 混凝土小型空心砌块砌体抗压强度计算 117
    [题3] 不同施工质量控制等级下的砌体抗压强度设计值 117
    [题4] 不同块体作砂浆试块底模时的砌体抗压强度设计值 118
    [题5] 混凝土砌块灌孔砌体抗压强度计算 118

[题 6]	砌体抗剪强度计算	118
[题 7]	荷载效应计算	119
[题 8]	砖柱截面选择	120
[题 9]	矩形截面受压构件承载力校核	121
[题 10]	矩形截面受压短柱承载力比较	123
[题 11]	T形截面受压构件承载力计算	123
[题 12]	双向偏心受压构件承载力计算	125
[题 13]	砌体局部受压承载力计算	126
[题 14]	墙体受剪承载力计算	128
[题 15]	网状配筋砖砌体受压构件承载力计算	130
[题 16]	砂浆面层组合砖砌体轴心受压构件承载力校核	131
[题 17]	混凝土面层组合砖砌体偏心受压构件承载力校核	132
[题 18]	组合砖砌体受压构件配筋计算	134
[题 19]	组合墙的轴心受压承载力计算	135
[题 20]	配筋混凝土砌块砌体柱的轴心受压承载力计算	136
[题 21]	配筋混凝土砌块砌体剪力墙配筋计算	137
[题 22]	墙、柱高厚比验算	139
[题 23]	刚性方案房屋墙、柱设计	141
[题 24]	刚弹性方案房屋墙、柱内力计算	153
[题 25]	墙梁的承载力计算	158
[题 26]	挑梁的计算	163
[题 27]	雨篷的抗倾覆验算	165
[题 28]	混合结构房屋墙体的截面抗震承载力验算	167

参考文献 ·· 175

第一部分

疑难释义

第一章

緒論

1 砌 体 材 料

随着墙体材料革新的不断推进，我国出现了许多新型砌体材料。了解砌体材料的性能并正确使用是砌体结构设计中最为基础性的工作。

1.1 何谓多孔砖、空心砖？

烧结砖和非烧结砖常简称为砖。孔洞率等于或大于25%，孔的尺寸小而数量多的砖，称为多孔砖，常用于建筑物的承重部位。孔洞率等于或大于40%，孔的尺寸大而数量少的砖，称为空心砖，常用于建筑物的非承重部位。如《烧结多孔砖》（GB 13544—2000）规定，以黏土、页岩、煤矸石、粉煤灰为主要原料，经焙烧而成并主要用于建筑物的承重部位的多孔砖，称为烧结多孔砖。从孔洞来看，这种砖的特点在于采用竖孔（孔洞垂直于砖的大面）；孔洞率不应小于25%；由于对孔的尺寸和孔的排列有严格规定，这种砖孔的尺寸小而数量多。按《烧结空心砖和空心砌块》（GB 13545—2003），以黏土、页岩、煤矸石、粉煤灰为主要原料，经焙烧而成并主要用于建筑物的非承重部位的空心砖，称为烧结空心砖。它采用水平孔（孔洞平行于砖的大面），孔洞率不应小于40%。

由上述可知，多孔砖和空心砖有不同的定义和用途，不应将它们的名称混用。

1.2 何谓混凝土小型空心砌块砌筑砂浆？

混凝土小型空心砌块是目前我国替代实心黏土砖的主推承重块体材料。由于混凝土砌块的壁薄、孔洞率大，在同等的砂浆强度时，其砌体抗拉、抗弯和抗剪强度只有烧结普通砖砌体的1/3~1/2，这是用一般砂浆砌筑的混凝土砌块墙体容易开裂和渗漏的重要原因之一。因此采用性能良好的砂浆相当重要。混凝土小型空心砌块砌筑砂浆是由水泥、砂、水以及根据需要掺入的掺合料和外加剂等组分，按一定比例，采用机械拌合制成，用于砌筑混凝土小型空心砌块的砂浆，又称为混凝土砌块专用砌筑砂浆。它较传统的砌筑砂浆可使砌体灰缝饱满、黏结性能好，减少墙体开裂和渗漏，提高砌块建筑质量。

该砂浆中的掺合料主要采用粉煤灰，外加剂包括减水剂、早强剂、促凝剂、缓凝剂、防冻剂、颜料等。砌块专用砂浆的配合比可参阅表1-1。砂浆必须采用机械搅拌，且搅拌时先加细集料、掺合料和水泥干拌1min，再加水湿拌。总的搅拌时间不得少于4min。若加外加剂，则在搅拌1min后加入。砂浆稠度为50~80mm，分层度为10~30mm。

混凝土小型空心砌块砌筑砂浆参考配合比　　　　表 1-1

强度等级	水泥砂浆					混合砂浆（Ⅰ）					混合砂浆（Ⅱ）					
	水泥	粉煤灰	砂	外加剂	水	水泥	消石灰粉	砂	外加剂	水	水泥	石灰膏	粉煤灰	砂	水	外加剂
Mb5.0						1	0.9	5.8	√	1.36	1	0.66	0.66	8.0	1.20	√
Mb7.5						1	0.7	4.6		1.02	1	0.42	0.15	6.6	1.00	√
Mb10.0	1	0.32	4.41	√	0.79	1	0.5	3.6		0.81	1	0.20	0.20	5.4	0.80	√
Mb15.0	1	0.32	3.76	√	0.74	1	0.3	3.0		0.74	1	0.90	—	4.5	0.75	√
Mb20.0	1	0.23	2.96	√	0.55	1	0.3	2.6		0.53	1	0.45	—	4.0	0.54	√
Mb25.0	1	0.23	2.53	√	0.54											
Mb30.0	1		2.00	√	0.52											

注：Mb5.0～Mb20.0 用 32.5 级普通水泥或矿渣水泥；Mb25.0～Mb30.0 用 42.5 级普通水泥或矿渣水泥。

为了与传统的砌筑砂浆相区别，《混凝土小型空心砌块砌筑砂浆》（JC 860—2000）中规定以 Mb（mortar, block）标记，强度分为 Mb5.0、Mb7.5、Mb10.0、Mb15.0、Mb20.0、Mb25.0 和 Mb30.0 七个等级。但其抗压强度指标与 M5.0、M7.5、M10.0、M15.0、M20.0、M25.0 和 M30.0 等级的一般砌筑砂浆抗压强度指标对应相等。

1.3 何谓混凝土小型空心砌块灌孔混凝土？

它是由水泥、骨料、水以及根据需要掺入的掺合料和外加剂等组分，按一定的比例，采用机械搅拌后，用于浇筑混凝土小型空心砌块砌体芯柱或其他需要填实部位孔洞的混凝土，又称为砌块建筑灌注芯柱、孔洞的专用混凝土。它是一种高流动性、硬化后体积微膨胀或有补偿收缩性能的混凝土，使灌孔砌体整体受力性能良好，砌体强度大为提高。

该混凝土中的掺合料主要采用粉煤灰，外加剂包括减水剂、早强剂、促凝剂、缓凝剂、膨胀剂等。灌孔混凝土的配合比可参阅表 1-2。搅拌机应优先采用强制式搅拌机，搅拌时先加粗细骨料、掺合料、水泥干拌 1min，最后加外加剂搅拌，总的搅拌时间不宜少于 5min。当采用自落式搅拌机时，应适当延长其搅拌时间。灌孔混凝土的坍落度不宜小于 180mm，其拌合物应均匀、颜色一致、不离析、不泌水。

混凝土小型空心砌块灌孔混凝土参考配合比　　　　表 1-2

强度等级	水泥强度等级（MPa）	配合比					
		水泥	粉煤灰	砂	碎石	外加剂	水灰比
Cb20	32.5	1	0.18	2.63	3.63	√	0.48
Cb25	32.5	1	0.18	2.08	3.00	√	0.45
Cb30	32.5	1	0.18	1.66	2.49	√	0.42
Cb35	42.5	1	0.19	1.59	2.35	√	0.47
Cb40	42.5	1	0.19	1.16	1.68	√	0.45

《混凝土小型空心砌块灌孔混凝土》(JC 861—2000) 中规定以 Cb (concrete，block) 标记，强度分为 Cb20、Cb25、Cb30、Cb35 和 Cb40 五个等级。但其抗压强度指标与 C20、C25、C30、C35 和 C40 混凝土的抗压强度指标对应相等。

1.4 如何确定砌体材料的最低强度等级？

为了不断提高我国砌体材料的质量，增强砌体结构的安全、适用和耐久性，《砌体结构设计规范》(GB 50003—2001)[1] 已不允许采用 MU7.5 的砖、MU3.5 的砌块、M1.0 和 M0.4 的砂浆以及 MU15、MU10 的石材，且在设计时应按下列规定选择砌体材料的最低强度等级。

(1) 五层及五层以上房屋的墙，以及受振动或层高大于 6m 的墙、柱所用材料的最低强度等级，应符合下列要求：

1) 砖采用 MU10；
2) 砌块采用 MU7.5；
3) 石材采用 MU30；
4) 砂浆采用 M5。

(2) 地面以下或防潮层以下的砌体，潮湿房间的墙，所用材料的最低强度等级，应符合表 1-3 的要求。

地面以下或防潮层以下的砌体、潮湿房间墙所用材料的最低强度等级　　　表 1-3

基土的潮湿程度	烧结普通砖、蒸压灰砂砖		混凝土砌块	石　材	水泥砂浆
	严寒地区	一般地区			
稍潮湿的	MU10	MU10	MU7.5	MU30	M5
很潮湿的	MU15	MU10	MU7.5	MU30	M7.5
含水饱和的	MU20	MU15	MU10	MU40	M10

注：在冻胀地区，地面以下或防潮层以下的砌体，当采用多孔砖时，其孔洞应用水泥砂浆灌实；当采用混凝土砌块时，其孔洞应采用强度等级不低于 Cb20 的混凝土灌实。

(3) 对安全等级为一级或设计使用年限大于 50 年的房屋，墙、柱所用材料的最低强度等级应比上述规定至少提高一级。

1.5 确定砂浆强度等级时为什么要采用同类块体作砂浆强度试块的底模？

砂浆的强度等级是用边长为 70.7mm 的立方体试块进行受压试验而确定的，但在制作试块时采用何种底模？工程上块体的种类较多，如烧结普通砖、蒸压灰砂砖、混凝土砌块等，由于这些材料在吸水、泌水等物理性能上有差异，将影响到试块砂浆的硬化和强度。试验表明，同一种条件下拌制的砂浆，采用蒸压灰砂砖作底模的砂浆强度较采用烧结黏土

---

[1] 以后有时简称"规范"。

砖作底模的砂浆强度低,导致砌体抗压强度约降低10%。因此我国规定确定砂浆强度等级时,应采用同类块体作砂浆强度试块的底模。如某房屋采用蒸压灰砂砖砌体墙承重,则在制作砂浆试块时应采用蒸压灰砂砖作底模。若采用烧结普通砖作底模,其砂浆强度提高,实际砌体强度达不到规范的强度指标。对于多孔砌体,因孔洞的存在,应采用同类多孔砖的侧面作砂浆试块的底模。为了消除底模材料对砂浆试块强度的影响,国外有的标准规定采用钢底模。

2 砌体抗压强度

受压是砌体的基本受力状态。为了正确采用砌体的强度指标，确保墙、柱等受压构件安全可靠地工作，以及提高对砌体结构工程事故的分析和处理能力，必须对砌体受压应力状态、破坏特征和影响砌体抗压强度的主要因素有较深入的了解，这也是学习砌体受压性能的要点。参考文献 [1]（本书以下简称"砌体结构"）等书中对这几个问题已有较详尽的论述。这里仅就如何正确计算砌体抗压强度作进一步分析。

2.1 如何计算砌体抗压强度平均值？

砌体能承受的最大压应力，称为砌体抗压强度。这是确定砌体及其构件受压破坏能力的一个重要指标。对砌体受压性能的研究已有半个世纪之久，但至今仍按经验方法来建立砌体抗压强度的计算公式。

砖砌体、砌块砌体和石砌体抗压强度的平均值，按式 (2-1) 计算：

$$f_m = k_1 f_1^\alpha (1 + 0.07 f_2) k_2 \qquad (2\text{-}1)$$

块体和砂浆的抗压强度（f_1 和 f_2）对砌体抗压强度的影响最为显著，它们为式 (2-1) 中的主要变量。对于不同的砌体，由于块体类别不同，它们存在许多差异。如块体抗压强度确定的标准方法不同，块体高度不同，有的还在砌筑方法上不同，这些都直接影响砌体的抗压强度。为此引入与块体类别（砖、石和砌块）和砌筑方法有关的系数 k_1，与块体类别有关的系数 α，以及砂浆强度影响的修正系数 k_2（各计算参数见表 2-1），这样式 (2-1) 便可适用于计算各类砌体的抗压强度。

计算参数　　　　　　　　　　　　　　表 2-1

砌体种类	k_1	α	k_2
烧结普通砖、烧结多孔砖、蒸压灰砂砖、蒸压粉煤灰砖	0.78	0.5	当 $f_2 < 1$ 时，$k_2 = 0.6 + 0.4 f_2$
混凝土小型砌块	0.46	0.9	当 $f_2 = 0$ 时，$k_2 = 0.8$
毛料石	0.79	0.5	当 $f_2 < 1$ 时，$k_2 = 0.6 + 0.4 f_2$
毛石	0.22	0.5	当 $f_2 < 2.5$ 时，$k_2 = 0.4 + 0.24 f_2$

注：1. k_2 在表列条件以外时均等于 1。
　　2. 混凝土小型砌块砌体的轴心抗压强度平均值，当 $f_2 > 10$ MPa 时，应乘系数 $1.1 - 0.01 f_2$，MU20 的砌块砌体应乘系数 0.95，且满足 $f_1 \geq f_2$，$f_1 \leq 20$ MPa。

2.2 如何计算混凝土小型空心砌块砌体抗压强度平均值？

上面已指出式 (2-1) 亦适用于计算混凝土小型空心砌块砌体抗压强度平均值，在

"规范"中就采用了这样的规定。但随着我国砌块建筑的发展,近几年来的试验和分析表明,当 $f_1 \geqslant 20\text{MPa}$、$f_2 > 15\text{MPa}$ 以及当 $f_2 > f_1$ 时,式(2-1)的计算值高于试验值,为此提出了表 2-1 注 2 的要求。不注意这一点,将导致设计上的差错。

对于混凝土小型空心砌块砌体,在满足 $f_1 \geqslant f_2$ 和 $f_1 \leqslant 20\text{MPa}$ 的条件下,其轴心抗压强度平均值在按式(2-1)计算的基础上,尚应注意下列情况的折减:

当 $f_2 > 10\text{MPa}$ 时,取

$$f_\text{m} = 0.46 f_1^{0.9}(1 + 0.07 f_2)(1.1 - 0.01 f_2) \tag{2-2a}$$

当 $f_2 > 10\text{MPa}$ 且采用 MU20 的砌块时,取

$$f_\text{m} = 0.95 \times 0.46 f_1^{0.9}(1 + 0.07 f_2)(1.1 - 0.01 f_2)$$
$$= 0.437 f_1^{0.9}(1 + 0.07 f_2)(1.1 - 0.01 f_2) \tag{2-2b}$$

2.3 砌体抗压强度平均值、标准值和设计值有何关系?

在我国,砌体结构采用以概率理论为基础的极限状态设计法,这是"规范"规定的方法。砌体抗压强度平均值是表示其抗压强度取值的平均水平,按式(2-1)计算。

砌体抗压强度标准值是表示其抗压强度的基本代表值,由概率分布的 0.05 分位数确定。即

$$f_\text{k} = f_\text{m} - 1.645\sigma_\text{f} = f_\text{m}(1 - 1.645\delta_\text{f}) \tag{2-3a}$$

式中 f_k——砌体抗压强度标准值;

σ_f——砌体抗压强度标准差;

δ_f——砌体抗压强度变异系数,对砖、砌块及毛料石砌体,可取 $\delta_\text{f} = 0.17$;对毛石砌体,可取 $\delta_\text{f} = 0.24$。

砌体抗压强度设计值 f 是考虑了影响结构构件可靠因素后的材料强度指标,由其标准值除以材料性能分项系数(γ_f)而得,$\gamma_\text{f} = 1.6$。

综上所述可知,砌体受压时,它们三者之间的关系如下(毛石砌体除外):

$$f_\text{k} = (1 - 1.645 \times 0.17) f_\text{m} = 0.72 f_\text{m} \tag{2-3b}$$

$$f = \frac{f_\text{k}}{\gamma_\text{f}} = \frac{f_\text{k}}{1.6} = 0.62 f_\text{k} \tag{2-3c}$$

$$f = 0.62 f_\text{k} = 0.62 \times 0.72 f_\text{m} = 0.45 f_\text{m} \tag{2-3d}$$

这一结果说明砌体抗压强度设计值为其平均值的 45%。

由式(2-3),砌体抗压强度的标准值和设计值可以很容易地由其平均值换算得到,反之亦然。

"规范"中砌体抗压强度的各种指标就是根据上述方法确定的。对于施工阶段砂浆尚未硬化的新砌砌体,或经检测砂浆未硬化的已建砌体,则按砂浆强度为零代入式(2-1)~式(2-3)进行计算。

2.4 如何确定混凝土砌块灌孔砌体抗压强度设计值？

混凝土小型空心砌块砌体采用专用混凝土（Cb）灌孔后，具有良好的共同受力性能，并使砌体的强度有较大程度的提高。

按应力叠加方法并考虑灌孔混凝土的强度及灌孔率的影响，混凝土砌块灌孔砌体抗压强度平均值，按式（2-4）计算：

$$f_{g,m} = f_m + 0.94 \frac{A_c}{A} f_{c,m} \tag{2-4}$$

式中 $f_{g,m}$——混凝土砌块灌孔砌体抗压强度平均值；

f_m——空心砌块砌体抗压强度平均值；

A_c——灌孔混凝土截面面积；

A——砌体截面面积；

$f_{c,m}$——灌孔混凝土轴心抗压强度平均值。

混凝土砌块灌孔砌体抗压强度设计值，按下列公式计算：

$$f_g = f + 0.6\alpha f_c \tag{2-5}$$

$$\alpha = \delta\rho \tag{2-6}$$

式中 f_g——混凝土砌块灌孔砌体抗压强度设计值；

f——混凝土空心砌块砌体抗压强度设计值；

f_c——灌孔混凝土轴心抗压强度设计值；

α——砌块砌体中灌孔混凝土面积与砌体毛面积的比值；

δ——混凝土砌块孔洞率；

ρ——混凝土砌块砌体灌孔率。

为使灌孔砌体中每种材料的强度得到较为充分的发挥，并安全可靠，式（2-5）和式（2-6）受到下列条件的制约：

（1）上式适用于单排孔混凝土砌块且对孔砌筑的砌体，其他情况应作相应的修正。

（2）灌孔混凝土强度等级不应低于Cb20，也不应低于1.5倍的块体强度等级。

（3）$f_g \leq 2f$。

（4）ρ 系截面灌孔混凝土面积与截面孔洞面积的比值，不应小于33%。表明当 $\rho < 33\%$ 时，其砌体抗压强度应取为 f。

（5）混凝土砌块、砌筑砂浆和灌孔混凝土的强度等级应相互匹配。

只有掌握了上述控制条件，才能按式（2-5）正确、合理地确定混凝土砌块灌孔砌体的抗压（包括下述的抗剪）强度设计值。

对孔砌筑的单排孔混凝土砌块灌孔砌体，其材料匹配及抗压强度设计值 f_g（包括抗剪强度设计值 f_{vg} 和受压弹性模量 E_g）可查阅表2-2。

混凝土砌块灌孔砌体的强度设计指标 f_g、f_{vg} 和 E_g (MPa)　　表 2-2

指标		Mb20			Mb15			Mb10				Mb7.5		
		Cb40	Cb35	Cb30	Cb40	Cb35	Cb30	Cb40	Cb35	Cb30	Cb25	Cb20	Cb30	Cb25	Cb20
MU20	f_g	11.56	10.9	10.24	10.95	10.29	9.63	9.9	9.56	8.9			8.39		
	f_{vg}	0.77	0.74	0.72	0.75	0.72	0.70	0.71	0.69	0.67			0.64		
	E_g	19652	18530	17408	18615	17493	16371	16830	16252	15130			14263		
MU15	f_g				9.22	9.22	8.56	8.04	8.04	7.97	7.3		7.22	6.89	
	f_{vg}				0.68	0.68	0.65	0.63	0.63	0.62	0.60		0.59	0.58	
	E_g				15674	15674	14552	13668	13668	13549	12410		12274	11713	
MU10	f_g									5.58	5.58	5.44	5.0	5.0	5.0
	f_{vg}									0.51	0.51	0.50	0.48	0.48	0.48
	E_g									9486	9486	9248	8500	8500	8500

注：表中数据系按砌块孔洞率46%和100%灌孔混凝土计算的；当砌块孔洞率相同而非100%灌孔混凝土时的数据可采用插入法求得。

2.5 烧结多孔砖砌体与烧结普通砖砌体的抗压强度有何差异？

烧结多孔砖中有烧结黏土砖、烧结页岩砖、烧结煤矸石砖和烧结粉煤灰砖等品种，其中烧结黏土砖和烧结页岩砖属我国墙体材料革新中的过渡产品，烧结煤矸石砖和烧结粉煤灰砖则属新型砌体材料。

多孔砖的孔洞小、数量多，以往其孔洞率为15%左右，现行《烧结多孔砖》（GB 13544—2000）规定，其孔洞率不应小于25%。随着孔洞率的增大，制砖时需增大压力来挤压，砖的密实性增加，它抵消了或部分抵消了由于孔洞引起的强度降低；多孔砖的高度大于烧结普通砖的高度，有利于改善砌体内的复杂应力状态，砌体抗压强度提高，但受压破坏时脆性增大。因此"规范"中将烧结多孔砖砌体和烧结普通砖砌体的抗压强度列在一个表内，如"规范"表3.2.1-1所示。但当烧结多孔砖的孔洞率大于30%时，考虑上述影响，应将表中数值乘0.9。应当指出，今后有必要建立一个能考虑不同孔洞率影响的多孔砖砌体抗压强度的计算公式。

3 砌体抗剪强度

砌体受剪时的破坏形态和抗剪强度,不仅受材料强度、施工质量和试验方法等因素控制,而且与垂直压应力密切相关。为了研究垂直压应力对砌体抗剪强度的影响,可以采用主拉应力破坏理论和库仑破坏理论进行分析,最后与试验研究和实践经验相结合来确定砌体的抗剪强度。这是学习砌体受剪性能时应掌握的一个基本思路。由于我国属多地震的国家,对抗震抗剪强度的了解具有重要意义。

3.1 砌体沿通缝截面或沿齿缝截面的抗剪强度有无区别?

砌体抗剪强度是指砌体所能承受的最大剪应力。砌体受剪后,其强度实质上取决于砂浆与块体之间的粘结强度,因此砌体的抗剪强度f_{v0}("规范"中以f_v表示)主要由砂浆强度来确定。其平均值,由式(3-1)计算:

$$f_{v0,m} = k_5 \sqrt{f_2} \tag{3-1}$$

式中f_2为砂浆抗压强度。对于不同种类的砌体,以系数k_5来反映,即对于烧结普通砖、烧结多孔砖砌体,$k_5 = 0.125$;对于蒸压灰砂砖、蒸压粉煤灰砖砌体,$k_5 = 0.09$;对于混凝土砌块砌体,$k_5 = 0.069$;对于毛石砌体,$k_5 = 0.188$。

根据试验结果,砂浆与块体的粘结强度中,切向粘结强度较高,法向粘结强度不仅很低且不易得到保证,砌体沿通缝截面和沿齿缝截面的抗剪强度没有什么差别。此外在实际工程中,砌体竖向灰缝内的砂浆往往亦不饱满,其抗剪强度可忽略不计。因此在式(3-1)中,不区分沿通缝截面或沿齿缝截面的抗剪强度。它实质上是取砌体沿齿缝(或阶梯形)截面的抗剪强度等于砌体沿通缝截面的抗剪强度。对于毛石砌体,沿齿缝截面的抗剪强度约等于砖砌体沿通缝截面抗剪强度的1.5倍。

砌体在轴心受拉和弯曲受拉时,其强度也主要决定于砂浆与砌体之间的粘结强度,因而砌体轴心抗拉、弯曲抗拉强度与抗剪强度之间必定有内在的数值关系。如对于黏土砖砌体,通过分析对比,其轴心抗拉强度、沿通缝截面的弯曲抗拉强度与抗剪强度的比值,分别为1.1和1.0;沿齿缝截面的弯曲抗拉强度与轴心抗拉强度和抗剪强度的比值,分别为1.8和2。

3.2 砌体抗剪强度和抗震抗剪强度是如何确定的?

砌体截面上受剪力和垂直压力同时作用时,抗剪强度可根据主拉应力破坏理论或库仑破坏理论进行计算。按主拉应力破坏模式,

$$f_v = f_{v0} \sqrt{1 + \sigma_y/f_{v0}} \tag{3-2}$$

按剪摩破坏模式，

$$f_v = f_{v0} + \mu'\sigma_y \tag{3-3}$$

以上式中，σ_y 为作用于截面上的垂直压应力，μ' 为摩擦系数。

我国原砌体结构设计规范在确定砌体抗剪强度时，曾长期采用库仑破坏理论。近几年来通过较大量的试验和进一步的分析，"规范"采用剪-压复合受力模式的计算方法，即

$$f_{v,m} = f_{v0,m} + \alpha\mu\sigma_{0k} \tag{3-4}$$

$$f_v = f_{v0} + \alpha\mu\sigma_0 \tag{3-5}$$

$$\mu = \begin{cases} 0.26 - 0.082\dfrac{\sigma_0}{f} & (\gamma_G = 1.2 \text{ 时}) \\ 0.23 - 0.065\dfrac{\sigma_0}{f} & (\gamma_G = 1.35 \text{ 时}) \end{cases} \tag{3-6a, 3-6b}$$

式中 $f_{v,m}$——受压应力作用时砌体抗剪强度平均值；

$f_{v0,m}$——无压应力作用时砌体抗剪强度平均值；

σ_{0k}——竖向压应力标准值；

f_v——受压应力作用时砌体抗剪强度设计值；

f_{v0}——无压应力作用时砌体抗剪强度设计值；

α——不同种类砌体的修正系数，当 $\gamma_G = 1.2$ 时，砖砌体取 0.60，混凝土砌块砌体取 0.64；当 $\gamma_G = 1.35$ 时，分别取 0.64 和 0.66；

μ——剪压复合受力影响系数；

σ_0——永久荷载设计值产生的水平截面平均压应力；

σ_0/f——轴压比，不应大于 0.8；

γ_G——永久荷载分项系数。

式(3-4)和式(3-5)在形式上虽为剪摩模式，但由于引入剪-压复合受力影响系数，较式(3-3)有较大的改进。

上述"规范"方法尚未在《建筑抗震设计规范》中应用。按《建筑抗震设计规范》(GB 50011—2001)，各类砌体沿阶梯形截面破坏的抗震抗剪强度设计值，由下式(3-7)计算。

$$f_{vE} = \zeta_N f_{v0} \tag{3-7}$$

按理，地震作用下砌体材料的强度指标与上述静力作用下的强度指标是有区别的，宜另外给出，但为了使用方便，仍以静力作用下的强度指标来表示。因而对于抗震抗剪强度，采用了式(3-7)的表达方式。ζ_N 为砌体强度的正应力影响系数，按表 3-1 采用。

正应力影响系数　　　　　　　表 3-1

砌体类别	σ_y/f_{v0}							
	0	1.0	3.0	5.0	7.0	10.0	15.0	20.0
普通砖，多孔砖	0.80	1.00	1.28	1.50	1.70	1.95	2.32	
混凝土小型砌块		1.25	1.75	2.25	2.60	3.10	3.95	4.80

注：σ_0 为对应于重力荷载代表值的砌体截面平均压应力。

基于震害统计，对于砖砌体

$$\zeta_N = \frac{1}{1.2}\sqrt{1 + 0.45\sigma_0/f_{v0}} \tag{3-8a}$$

对于混凝土小型砌块砌体

$$\left.\begin{array}{l}\zeta_N = 1 + 0.25\dfrac{\sigma_0}{f_{v0}} \quad \left(\dfrac{\sigma_0}{f_{v0}} \leq 5\right) \\[2mm] \zeta_N = 2.25 + 0.17\left(\dfrac{\sigma_0}{f_{v0}} - 5\right) \quad \left(\dfrac{\sigma_0}{f_{v0}} > 5\right)\end{array}\right\} \tag{3-8b}$$

由上述 ζ_N 的表达式可看出，对不同种类的砌体，其抗震抗剪强度有的按主拉应力破坏模式计算，有的按剪摩破坏模式计算。式（3-8）本身的形式不完全统一，更有别于式（3-5）。这反映了当前在砌体结构抗剪强度的计算中，按上述破坏模式计算仍属半理论半经验的方法。

3.3 为什么剪压复合受力影响系数与荷载效应组合有关？

由式（3-4）可知，$f_{v,m}$ 与竖向压应力标准值 σ_{0k} 相关。在将式（3-4）转换成用设计值表达的式（3-5）时，其中 σ_{0k} 应转换成设计值 σ_0，且由 σ_{0k}/f_m 表达的 μ 值亦应以 σ_0/f 表达。由于砌体结构按承载能力极限状态设计时采用两种最不利荷载效应组合，因而当永久荷载分项系数为 1.2 和 1.35 时，μ 的取值不同。

3.4 如何确定混凝土砌块灌孔砌体抗剪强度设计值？

在混凝土结构中，其构件斜截面的受剪承载力往往以混凝土的轴心抗拉强度 f_t 来表达。但对于砌体，其轴心抗拉强度难以通过试验来测定，灌孔混凝土砌块砌体亦是如此。相反，砌体的抗剪强度试验较为简便。根据混凝土砌块灌孔砌体的抗剪强度试验结果并以其抗压强度来表达，得

$$f_{vg,m} = 0.32 f_{g,m}^{0.55} \tag{3-9}$$

$$f_{vg} = 0.2 f_g^{0.55} \tag{3-10}$$

式中 $f_{vg,m}$——混凝土砌块灌孔砌体抗剪强度平均值；

f_{vg}——混凝土砌块灌孔砌体抗剪强度设计值。

对孔砌筑的单排孔混凝土砌块灌孔砌体的材料匹配及其抗剪强度设计值可查阅表 2-2。

4 砌体强度的调整

设计计算时,需考虑砌体在压、拉、弯、剪等受力状态的强度设计值的调整,即乘以调整系数 γ_a。这一点往往容易遗漏,造成设计错误。

4.1 为什么有的情况下要调整砌体强度设计值?

砌体在不同受力状态下虽按主要影响因素确定了各种砌体强度的统一计算公式,但对于实际工程中的砌体仍有一些重要因素未考虑在内,为此引入砌体强度设计值的调整系数 γ_a。归纳起来,γ_a 是基于两方面的原因提出的。一是因砌体强度确有可能降低,如当砌体采用水泥砂浆(纯水泥砂浆)砌筑时,由于砂浆的保水性不好,和易性差,砌体抗压强度降低达 5%~15%,其他受力强度,降低达 20%。又如,当构件截面面积过小时,受各种偶然因素影响(如截面缺口、构件碰损等),可能导致砌体强度有较大降低。二是从安全储备考虑,如对于有吊车房屋,轴向力的偏心距往往较大,不但砌体的抗拉能力低,墙、柱还受到振动的不利影响,要求提高其安全储备;当验算施工中房屋的构件时,安全储备可适当降低;按不同施工质量控制等级施工的砌体,为保证它们具有相同的可靠度,通过 γ_a 来取用不同的材料性能分项系数。所有这些情况均在 γ_a 中反映,只是有的取 γ_a 小于 1,有的取 γ_a 大于 1。需要考虑砌体强度调整系数的使用情况如表 4-1 所示。

砌体强度设计值的调整系数 表 4-1

项目	砌体所处工作情况			γ_a
1	有吊车房屋的砌体			0.9
	跨度不小于9m的梁下烧结普通砖砌体			
	跨度不小于7.2m的梁下烧结多孔砖、蒸压灰砂砖、蒸压粉煤灰砖砌体、混凝土和轻骨料混凝土砌块砌体			
2	无筋砌体构件截面面积 $A<0.3\text{m}^2$		对砌体的局部受压,不考虑此项影响	$A+0.7$
	配筋砌体构件,当其中砌体构件截面面积 $A<0.2\text{m}^2$			$A+0.8$
3	水泥砂浆砌筑的砌体	对砌体抗压强度设计值	配筋砌体构件中,仅对砌体的强度设计值乘 γ_a	0.9
		对砌体其他强度设计值		0.8
4	施工质量控制等级为 C 级		配筋砌体不得采用 C 级	0.89
5	验算施工中房屋的构件			1.1

4.2 如何确定砌体施工质量控制等级？

砌体施工以手工方式为主，其质量受到诸多因素的制约。根据施工现场的质量管理、砂浆和混凝土的强度、砌筑工人技术等级的综合水平划分的砌体施工质量控制级别，称为砌体施工质量控制等级。它分为 A、B、C 三级，应符合表 4-2 的规定。其中砂浆、混凝土的施工质量，可分为"优良"、"一般"和"差"三个等级，强度离散性分别对应为"离散性小"、"离散性较小"和"离散性大"，可按表 4-3 和表 4-4 来划分。

砌体施工质量控制等级 表 4-2

项目	施工质量控制等级		
	A	B	C
现场质量管理	制度健全，并严格执行；非施工方质量监督人员经常到现场，或现场设有常驻代表；施工方有在岗专业技术管理人员，人员齐全，并持证上岗	制度基本健全，并能执行；非施工方质量监督人员间断地到现场进行质量控制；施工方有在岗专业技术管理人员，并持证上岗	有制度；非施工方质量监督人员很少作现场质量控制；施工方有在岗专业技术管理人员
砂浆、混凝土强度	试块按规定制作，强度满足验收规定，离散性小	试块按规定制作，强度满足验收规定，离散性较小	试块强度满足验收规定，离散性大
砂浆拌合方式	机械拌合；配合比计量控制严格	机械拌合；配合比计量控制一般	机械或人工拌合；配合比计量控制较差
砌筑工人	中级工以上，其中高级工不少于 20%	高、中级工不少于 70%	初级工以上

砌筑砂浆质量水平 表 4-3

质量水平 \ 强度等级 强度标准差 σ（MPa）	M2.5	M5	M7.5	M10	M15	M20
优 良	0.5	1.00	1.50	2.00	3.00	4.00
一 般	0.62	1.25	1.88	2.50	3.75	5.00
差	0.75	1.50	2.25	3.00	4.50	6.00

混凝土质量水平 表 4-4

评定指标		质量水平					
		优 良		一 般		差	
	强度等级 生产单位	<C20	≥C20	<C20	≥C20	<C20	≥C20
强度标准差（MPa）	预拌混凝土厂	≤3.0	≤3.5	≤4.0	≤5.0	>4.0	>5.0
	集中搅拌混凝土的施工现场	≤3.5	≤4.0	≤4.5	≤5.5	>4.5	>5.5
强度等于或大于混凝土强度等级值的百分率（%）	预拌混凝土厂、集中搅拌混凝土的施工现场	≥95		>85		≤85	

4.3 施工质量控制等级与砌体结构设计有何内在联系？

早在20世纪80年代，《砌体结构设计和施工国际建议》(CIB58)等文献或标准较系统地提出了砌体工程质量控制的要求和分级，不少国家的规范中作出了这方面的规定。这一论点和方法对确保和提高砌体结构的设计和施工质量有着积极的意义和重要的作用。《砌体工程施工及验收规范》(GB 50203—98)在我国率先提出了符合我国工程实际的施工质量控制等级及其划分方法，现在被纳入砌体结构设计规范中，使施工质量控制等级与结构设计紧密结合，且可操作性强，应该说这是砌体结构设计规范与砌体工程施工质量验收规范在编制思想上的一次突破。

由表4-2可知，砌体施工质量按照控制的严格程度，分为A、B、C三级。A级最严，B级次之，C级最低。施工质量控制等级为A级时，砌体材料性能分项系数 $\gamma_f = 1.5$；B级，$\gamma_f = 1.6$；C级，$\gamma_f = 1.8$。表明在砌体结构构件满足同一规定的可靠度的要求下，随施工质量控制级别的不同，其材料消耗水平不同。B级为我国砌体目前一般施工质量水平，"规范"中的砌体强度指标按B级给出。采用A级或C级，则需对砌体强度进行修正，如施工质量控制等级为C级，取 $\gamma_a = 1.6/1.8 = 0.89$；如采用A级，可取 $\gamma_a = 1.05$。

施工质量控制等级应明确写在设计计算文件和施工图纸上。对一般多层砌体房屋，宜按B级控制。配筋砌体不允许采用C级。对配筋混凝土砌块砌体剪力墙高层建筑，为提高这种结构体系的可靠性，设计时宜选用B级的砌体强度值，而施工时宜采用A级施工质量控制等级。

5 以概率理论为基础的极限状态设计法

设计时,结构或构件的极限状态分为承载力极限状态和正常使用极限状态两类。结构、构件达到最大承载能力,或达到不适于继续承载的变形的极限状态,称为承载力极限状态。结构或构件达到使用功能上允许的某一限值的极限状态,称为正常使用极限状态。

由于影响结构安全的因素很多,确定它们各自的分布规律已经不是一件简单的事,如还要准确描述其联合分布规律则更是困难的,因此现阶段只能采用近似概率法。在我国采用的是考虑基本变量概率分布类型的一次二阶矩方法,称为以概率理论为基础的极限状态设计法。它以结构的失效概率(或可靠概率)来度量结构的可靠性,显然是合理的,也使结构可靠度理论提高到一个新的水平。考虑到可靠度的分析涉及到较高深的数学和结构分析的知识,初学者对这一设计方法较难一下子建立清晰的概念,可在学习时先记住其设计表达式,即在设计中采用的荷载标准值(包括永久荷载标准值,可变荷载标准值、组合值等)、材料强度标准值等基本变量和荷载分项系数及材料强度分项系数的表达式。通过具体的构件承载力计算(如受压构件)后,再回顾这一设计方法,以逐渐加深对它的理解。

5.1 砌体结构按承载能力极限状态设计时有何最不利组合?

砌体结构按承载能力极限状态设计的表达式为

$$\gamma_0 S \leqslant R(\cdot) \tag{5-1}$$

$$R(\cdot) = R(\gamma_a f, a_k, \cdots) \tag{5-2}$$

式中 γ_0——结构重要性系数;

S——荷载效应组合设计值(如轴向力、弯矩和剪力等);

$R(\cdot)$——结构构件的设计抗力函数;

γ_a——砌体强度设计值的调整系数;

f——砌体强度设计值;

a_k——几何参数标准值。

式(5-1)中 S 应取下列公式中最不利组合:

$$S = \gamma_G S_{G_k} + \gamma_{Q_1} S_{G_{1k}} + \sum_{i=2}^{n} \gamma_{Q_i} \psi_{Ci} S_{Q_{ik}} \tag{5-3}$$

$$S = \gamma_G S_{G_k} + \sum_{i=1}^{n} \gamma_{Q_i} \psi_{Ci} S_{Q_{ik}} \tag{5-4}$$

式中 S_{G_k}——永久荷载标准值的效应；

$S_{Q_{1k}}$——在基本组合中起控制作用的一个可变荷载标准值的效应；

$S_{Q_{ik}}$——第 i 个可变荷载标准值的效应；

γ_G——永久荷载分项系数，对式（5-3）应取 1.2，对式（5-4）应取 1.35；

γ_{Q_1}、γ_{Q_i}——第 1 个和第 i 个可变荷载分项系数，一般情况下应取 1.4；

ψ_{Ci}——第 i 个可变荷载的组合值系数，一般情况下应取 0.7

上述二式的主要区别在于，式（5-3）为由可变荷载效应控制的组合，其 $\gamma_G = 1.2$，$\gamma_{Q_1} = 1.4$；式（5-4）为由永久荷载效应控制的组合，其 $\gamma_G = 1.35$，一般情况下，$\gamma_{Q_i}\psi_{Ci} = 1.4 \times 0.7 = 0.98$。式（5-4）能避免当结构的自重占主要时可靠度偏低的后果。由于多层砌体结构民用房屋的墙、柱大多承受以自重为主产生的内力，因而式（5-4）往往起控制作用。

式（5-3）还可按下列简化公式计算：

$$S = \gamma_G S_{G_k} + \psi \sum_{i=1}^{n} \gamma_{Q_i} S_{Q_{ik}} \tag{5-5}$$

式中 ψ——简化设计表达式中采用的荷载组合系数，一般情况下可取 $\psi = 0.90$，当只有一个可变荷载时，取 $\psi = 1.0$。

当砌体结构作为一个刚体，需验算整体稳定时，例如倾覆、滑移、漂浮等，应按下式验算：

$$\gamma_0 \left(1.2 S_{G_{2k}} + 1.4 S_{Q_{1k}} + \sum_{i=2}^{n} S_{Q_{ik}}\right) \leqslant 0.8 S_{G_{1k}} \tag{5-6}$$

式中 $S_{G_{1k}}$——起有利作用的永久荷载标准值的效应；

$S_{G_{2k}}$——起不利作用的永久荷载标准值的效应。

式（5-6）表明，起有利作用的永久荷载分项系数取为 0.8。

5.2 砌体结构是否需要满足正常使用极限状态？

为使结构或构件满足使用功能上的要求，常表现为控制变形和控制裂缝。如在钢筋混凝土结构中，受弯构件的挠度不应超过规定的允许值，结构构件在不同工作条件下有相应的裂缝控制等级及最大裂缝宽度允许值。对于砌体结构的正常使用极限状态，没有如同钢筋混凝土结构那样独立规定一系列的要求和计算方法，并不是说砌体结构不需要满足正常使用极限状态。由于砌体结构自身的特点，如砌体是一种脆性材料，主要用作受压构件。在其承载力计算中采用的式（6-13），在很大程度上是为了防止构件产生水平裂缝或避免构件产生过大的水平裂缝。此外，砌体结构正常使用极限状态的要求，在一般情况下由相应的构造措施予以保证。如规定墙、柱的高厚比，控制横墙的最大水平位移，以及对保证砌体结构耐久性而采取的诸多措施等。因此对砌体结构，除应按承载力极限状态计算外，同样应满足正常使用极限状态的要求，这是不容怀疑和忽视的。

6 无筋砌体受压构件的承载力

砌体的抗拉、抗弯和抗剪强度远低于其抗压强度，这就决定了无筋砌体主要用作受压构件。国内外根据砌体结构受压性能的研究成果，对其受压承载力作了大量的探讨，提出了许多计算方法，但归结起来，仍基本上采用试验统计与分析相结合的方法。无筋砌体受压构件承载力计算的基本公式为：

$$N \leqslant \varphi f A \tag{6-1}$$

式中 N——轴向力设计值；
　　φ——高厚比和轴向力的偏心距对受压构件承载力的影响系数；
　　f——砌体抗压强度设计值；
　　A——截面面积。

本章学习的重点应是深入地理解并熟练地应用式 (6-1)。此外，由于砌体为脆性材料，当受压构件的荷载偏心距较大时，如何正确设计也应掌握。从设计角度，不但能对具体的构件准确进行计算，还应特别注意结构选型是否合理，结构布置是否得当，并从结构整体上找出薄弱环节。为此需要结合实践，不断积累经验。

6.1 何谓砌体的偏心影响系数？

它是指在偏心荷载作用下，反映偏心距对砌体承载力的降低系数，以 α 表示。按照不同的分析方法，已提出了许多确定 α 的计算公式，主要的有如下几种。

一、砌体截面内的应力按线形分布（图6-1a）

当控制截面较大受压边缘的应力不超过抗压强度 f_m 时，由材料力学可得

$$\sigma = \frac{N_e}{A} + \frac{N_e e y}{I} = \frac{N_e}{A}\left(1 + \frac{ey}{i^2}\right) \leqslant f_m \tag{6-2}$$

由上式中砌体在偏心受压时能承受的压力（N_e）与它在轴心受压时能承受的压力（$N = f_m A$）之比称为砌体的偏心影响系数，即

$$\alpha_1 = \frac{N_e}{f_m A} = \frac{1}{1 + \dfrac{ey}{i^2}} \tag{6-3a}$$

对矩形截面砌体

$$\alpha_1 = \frac{1}{1 + \dfrac{6e}{h}} \tag{6-3b}$$

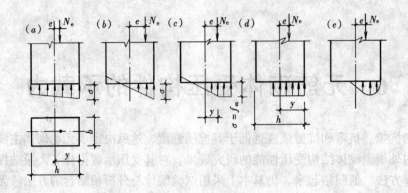

图 6-1 砌体偏心受压时截面应力分布

式中 e——轴向力的偏心距；
i——截面回转半径；
h——轴向力偏心方向截面的边长。

当轴向力的偏心距较大时，截面内一部分受压和一部分受拉，如不计截面的受拉应力（图 6-1b），对矩形截面砌体可得

$$\alpha_2 = 0.75 - 1.5 \frac{e}{h} \tag{6-4}$$

如考虑砌体的弹塑性性能，假定截面应力部分按三角形、部分按矩形分布，且控制轴向力作用点处（$y = e$）截面的应力不超过砌体抗压强度 f_m（图 6-1c），由式（6-3a）可得

$$\alpha_3 = \frac{1}{1 + \left(\frac{e}{i}\right)^2} \tag{6-5a}$$

对于矩形截面砌体

$$\alpha_3 = \frac{1}{1 + 12\left(\frac{e}{h}\right)^2} \tag{6-5b}$$

二、砌体受压区截面应力按矩形分布（图 6-1d）

不考虑砌体的抗拉强度，并假定受压区截面应力的重心与轴向力作用点相重合，由截面静力平衡条件可得

$$\alpha_4 = \frac{2(y - e)}{h} \tag{6-6a}$$

对于矩形截面砌体

$$\alpha_4 = 1 - \frac{2e}{h} \tag{6-6b}$$

式（6-6）为我国素混凝土受压构件计算中采用的系数。英国规范 BS5628 中的公式与此类似。在前苏联 1981 年的砖石和配筋砖石结构设计规范中，与式（6-6）比较，增加了一个修正系数 ω

$$\alpha_5 = \frac{2(y - e)}{h} \omega \tag{6-7a}$$

$$\omega = 1 + \frac{e}{2y} \leqslant 1.45 \tag{6-7b}$$

当 $y < 0.5h$ 时，可以 h 代替 $2y$，得

$$\alpha_5 = \left(1 - \frac{2e}{h}\right)\omega \tag{6-7c}$$

$$\omega = 1 + \frac{e}{h} \leqslant 1.45 \tag{6-7d}$$

三、砌体截面应力按曲线分布（图6-1e）

这种方法并没有具体确定截面应力分布曲线的计算式，主要依据于大量的试验资料，经统计而得。如"规范"采用的公式为：

$$\alpha_6 = \frac{1}{1 + \left(\frac{e}{i}\right)^2} \tag{6-8a}$$

对矩形截面砌体

$$\alpha_6 = \frac{1}{1 + 12\left(\frac{e}{h}\right)^2} \tag{6-8b}$$

对 T 形截面砌体

$$\alpha_6 = \frac{1}{1 + 12\left(\frac{e}{h_T}\right)^2} \tag{6-8c}$$

式中　$h_T = 3.5i$——T 形截面的折算厚度。

对于矩形截面砌体，与试验结果相符合的还有如下公式：

$$\alpha_7 = 1 - 1.5\frac{e}{h} \tag{6-9}$$

前面的式（6-5）正是在式（6-8）的基础上，试图通过一些假定并按简单的材料力学公式计算而引伸出来的。

将以上的公式进行比较（图6-2）可见，按材料力学方法得到的式（6-3）和式（6-4）与试验结果相差甚大，如用于设计必定很保守。

式（6-8）虽为"规范"所采用，但对于砌体试验，由于装置上的困难，尚不能获得

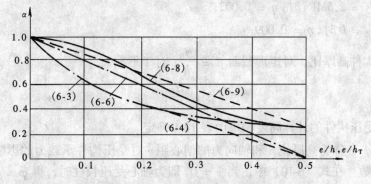

图 6-2　偏心影响系数 α 的比较

很大偏心距时 α 值的试验结果。如 $e/h > 0.8$ 时的试验数据就极少。因而我们可以怀疑，当 $e/h > 0.8$ 时 α 的取值是否符合式（6-8）的规律，有待今后通过更深入研究予以证实。研究还表明，由于砌体是一种脆性材料，一旦荷载较大、偏心距亦较大时，易产生水平裂缝，这将对砌体结构产生更不利的影响。因此，在设计时，对偏心距 e 应有较严格的限制。

6.2 何谓受压构件的承载力影响系数？

细长构件在轴心受压时，由于侧向变形引起纵向弯曲，其承载力的降低以稳定系数表示。当这种细长构件又同时承受偏心压力时，它不仅产生纵向弯曲，且由此引起附加偏心距，侧向变形（挠度）与附加偏心距交互作用，更加剧了构件承载力的降低。此外，要精确计算偏心受压构件的承载力，还决定于在分析上述影响时如何考虑砌体结构的弹塑性性质，如何建立本构关系并进行受力全过程的分析。所有这些都表明，对细长受压构件承载力的分析较受压砌体承载力的分析不仅要复杂得多，同时也有较多的困难。

至今，工程设计上一直采用一些简化的方法来确定砌体受压构件的承载力。如按照附加偏心距的分析方法，并结合试验研究结果而建立下式所示的影响系数 φ（其原理详见"砌体结构"）：

$$\varphi = \cfrac{1}{1 + 12\left[\cfrac{e}{h} + \sqrt{\cfrac{1}{12}\left(\cfrac{1}{\varphi_0} - 1\right)}\right]^2} \tag{6-10}$$

式中　e——轴向力的偏心距；

　　　h——矩形截面轴向力偏心方向的边长，当轴心受压时为截面较小边长；对于T形截面构件以折算厚度 h_T（$h_T = 3.5i$）代替 h；

　　　φ_0——轴心受压构件稳定系数，按下式计算

$$\varphi_0 = \frac{1}{1 + \eta\beta^2} \tag{6-11}$$

式中　η——依砂浆强度 f_2 的不同而确定的弹性常数，

　　　　　　$f_2 \geq 5\text{MPa}$ 时，$\eta = 0.0015$；
　　　　　　$f_2 = 2.5\text{MPa}$ 时，$\eta = 0.002$；
　　　　　　$f_2 = 0$ 时，$\eta = 0.009$；

　　　β——构件高厚比，对矩形截面 $\beta = \dfrac{H_0}{h}$；对T形截面

$$\beta = \frac{H_0}{h_T};$$

　　　H_0——受压构件的计算高度，可由表 12-1 确定。

准确地讲，φ 称为高厚比 β 和轴向力的偏心距 e 对受压构件承载力的影响系数，通常简称为影响系数。在式（6-10）中，当 $e = 0$，即为轴心受压长柱时，得 $\varphi = \varphi_0$；当 $\beta = 1$，即为偏心受压短柱时，φ 等于按式（6-8）计算的 α 值。式（6-10）在影响系数 φ 与稳定

系数 φ_0 和偏心影响系数 α 之间建立了有机的内在联系，为"规范"所采用。

6.3 在受压构件承载力的计算中应注意哪些问题？

无筋砌体受压构件承载力的计算并不复杂，所采用的式（6-1）看起来亦很简单，但初学者在计算时易产生错误。计算中除应正确取用砌体抗压强度设计值（$\gamma_a f$），还应注意下列几点。

（1）应针对不同的砌体材料对构件高厚比进行修正。

不同的砌体材料，其受压变形性能有所差异，为此在计算影响系数 φ 时，应先对构件高厚比进行修正。即对矩形截面

$$\beta = \gamma_\beta \frac{H_0}{h} \tag{6-12a}$$

对 T 形截面

$$\beta = \gamma_\beta \frac{H_0}{h_T} \tag{6-12b}$$

不同材料砌体构件的高厚比修正系数 γ_β，按表 6-1 采用。

高厚比修正系数　　　　　　　　　表 6-1

砌　体　类　别	γ_β
烧结普通砖、烧结多孔砖砌体	1.0
混凝土及轻骨料混凝土砌块砌体	1.1
蒸压灰砂砖、蒸压粉煤灰砖、细料石、半细料石砌体	1.2
粗料石、毛石砌体	1.5

注：灌孔混凝土砌块砌体，$\gamma_\beta = 1.0$。

（2）对矩形截面构件，当轴向力偏心方向的截面边长大于另一方向的边长时，除按偏心受压计算外，还应对较小边长方向，按轴心受压进行验算。

对于矩形截面偏心受压构件，为确保安全，应将考虑偏心距影响按式（6-10）算得的 φ 值与按轴心受压即式（6-11）算得的 $\varphi = \varphi_0$ 值进行比较，以其小值按式（6-1）确定承载力。

（3）轴向力的偏心距不应超过规定限值。

无筋砌体是一种脆性材料，尤其当荷载较大和偏心距较大时，截面受拉边的拉应力很易超过砌体的弯曲抗拉强度，产生水平裂缝。此时不但截面受压区减小、构件刚度降低、纵向弯曲的不利影响增大、构件的承载力降低，而且一旦水平裂缝过度、过快发展，构件很容易产生脆性断裂、倒塌，后果十分严重。此时如采用控制截面受拉边缘应力的方法来进行设计，往往需要选用较大尺寸的截面，显然这是不经济的。为了提高砌体结构的可靠度，确保无筋砌体受压构件的正常使用性能，对偏心距 e 的限值作出了较严的控制。即

$$e \leq 0.6y \tag{6-13}$$

式中 y 为截面重心至轴向力所在偏心方向截面边缘的距离（图 6-3）。

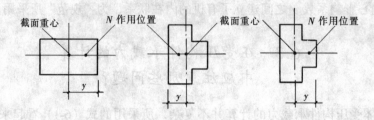

图6-3 y 的取值

当 e 超过式（6-13）的要求时，应采取适当措施减小偏心距，如增大构件截面尺寸等，甚至改变结构方案，如采用配筋砌体结构等。

6.4 如何计算双向偏心受压构件的承载力？

图6-4所示双向偏心受压构件，轴向力 N 距 x 轴的偏心距为 e_h，距 y 轴的偏心距为 e_b，这种轴向力在截面两个主轴方向都有偏心距，或同时承受轴心压力和两个方向弯矩的构件，称为双向偏心受压构件。其截面中和轴一般不与截面主轴相垂直，因而截面受压区的形状比较复杂，它可能是五边形、梯形或三角形（图6-4）。由于确定中和轴的位置（与主轴的距离或夹角）较困难，故在分析双向偏心受压构件的承载力时，一般采用近似计算方法。

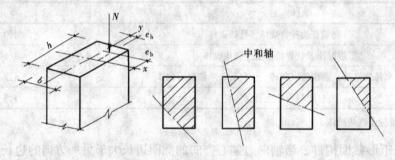

图6-4 双向偏心受压

按应力叠加原理，双向偏心受压砌体构件截面受压边缘的最大压应力，应符合下式要求：

$$\sigma_{\max} = \frac{N}{A} + \frac{Ne_b}{I_x}x + \frac{Ne_h}{I_y}y \leq f \tag{6-14}$$

由此得偏心影响系数

$$\alpha = \frac{1}{1 + \dfrac{e_b}{i_x^2}x + \dfrac{e_h}{i_y^2}y} \tag{6-15}$$

根据试验结果对式（6-15）进行修正，取

$$\alpha = \frac{1}{1 + \left(\dfrac{e_b}{i_x}\right)^2 + \left(\dfrac{e_h}{i_y}\right)^2} \tag{6-16}$$

按照附加偏心距方法，计入轴向力在截面重心轴 x、y 方向的附加偏心距 e_{ib} 和 e_{ih}，承载力影响系数为

$$\varphi = \frac{1}{1 + \left(\dfrac{e_b + e_{ib}}{i_x}\right)^2 + \left(\dfrac{e_h + e_{ih}}{i_y}\right)^2} \tag{6-17}$$

对于矩形截面构件

$$\varphi = \frac{1}{1 + 12\left[\left(\dfrac{e_b + e_{ib}}{b}\right)^2 + \left(\dfrac{e_h + e_{ih}}{h}\right)^2\right]} \tag{6-18}$$

当 $e_b = 0$ 时，$\varphi = \varphi_0$，得

$$e_{ib} = \frac{b}{\sqrt{12}}\sqrt{\frac{1}{\varphi_0} - 1} \tag{6-19}$$

同理得

$$e_{ih} = \frac{h}{\sqrt{12}}\sqrt{\frac{1}{\varphi_0} - 1} \tag{6-20}$$

依据试验结果对上式进行修正，取

$$e_{ib} = \frac{b}{\sqrt{12}}\sqrt{\frac{1}{\varphi_0} - 1}\left(\frac{e_b/b}{e_b/b + e_h/h}\right) \tag{6-21}$$

$$e_{ih} = \frac{h}{\sqrt{12}}\sqrt{\frac{1}{\varphi_0} - 1}\left(\frac{e_h/h}{e_b/b + e_h/h}\right) \tag{6-22}$$

上述结果表明，双向偏心受压构件承载力的计算在理论分析和方法上与单向偏心受压的是一致的，并与单向偏心受压的计算公式相衔接。因而无筋砌体双向偏心受压构件的承载力，仍按式（6-1）计算，只是其 φ 值应将式（6-21）和式（6-22）的计算结果代入式（6-18）而求得。此外，依据砌体在双向偏心受压时的破坏特征，当偏心距 $e_h < 0.3h$ 和 $e_b < 0.3b$，砌体破坏时大多只产生竖向裂缝，而不出现水平裂缝。但当 $e_h \geqslant 0.3h$ 和 $e_b \geqslant 0.3b$，随着压力的增加，砌体内产生一条或多条水平裂缝，其长度和宽度相继增大，并产生竖向裂缝，表明双向偏心受压较单向偏心受压更为不利。设计上有必要将双向的偏心距限值控制得严些，e_b、e_h 分别不宜大于 $0.25b$ 和 $0.25h$。

当遇到一个方向的偏心距较大，而另一方向的偏心距相对很小的情况，分析表明，若一个方向的偏心率（如 e_b/b）不大于另一方向偏心率（如 e_h/h）的 5% 时，其双向偏心受压承载力与单向偏心受压承载力相差不超过 5%，因而在此情况下可简化按另一方向的单向偏心受压（如 e_h/h）进行计算。

7 梁端支承处砌体的局部受压承载力

荷载作用于砌体部分截面上的受压,称为砌体局部受压。由于未直接受压部分砌体对直接受压砌体有"套箍强化"作用,或存在"力的扩散"作用,砌体的抗压强度增大。但同时也应看到,局部受压面积往往很小,在工程中这是十分不利的,严重时,可导致整幢房屋倒塌。因而无论是设计还是施工,对砌体结构构件的局部受压决不可忽视,不能掉以轻心。

梁端砌体局压是砌体结构中常见的一种局部受压。由于由梁(或屋架)端部传来的支承力,一般使梁端底面砌体产生的压应力分布不均匀,故这种局部受压又称为局部不均匀受压。它与局部均匀受压的主要区别在于,作用在梁端砌体上的轴向力除由梁端传来的支承压力 N_l 外,还受到由上部荷载设计值产生的轴向力 N_0 的影响,且梁端底面砌体内的应力呈曲线分布。显然,其承载力的计算较复杂。

如梁端支承处砌体的局部受压承载力不足,增设梁垫是比较有效的措施。因它可使局部受压面积增大,从而降低局部受压应力,提高砌体的局部受压承载力。梁垫通常采用混凝土材料,有预制刚性垫块,与梁端现浇成整体的刚性垫块和柔性垫块。设置梁垫后,砌体的局部受压性能与未设梁垫的局部受压性能有差异,因而其承载力的计算亦有所区别。应用中,应针对具体情况选用不同的公式进行计算,不能混淆。

7.1 上部荷载折减的理由是什么?

梁端支承处(未设垫块)砌体的局部受压承载力,按下式计算。

$$\psi N_0 + N_l \leqslant \eta \gamma f A_l \tag{7-1}$$

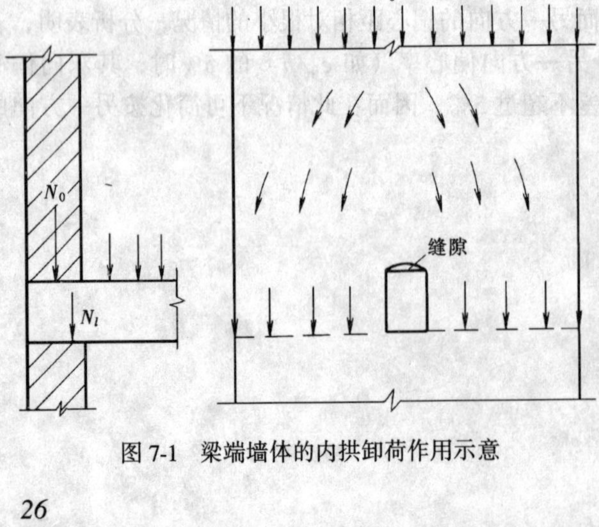

式中 ψ 为上部荷载的折减系数。如图 7-1 所示,当上部荷载(σ_0)较小,即上部荷载在梁端支承处砌体内产生的平均压应力 σ_0 较小,而由梁端传来的支承压力增大时,梁端支承处砌体产生较大的压缩变形,表现在梁端顶部与砌体的接触面将减小,甚至与砌体脱开,砌体形成内拱作用,使得作用在局部受压面积内的上部荷载发生变化。当内拱作用增大时,作用于局部受压面积 A_l 的上部荷载则减小。因砌体局部受压破坏首先是由

图 7-1 梁端墙体的内拱卸荷作用示意

于砌体横向抗拉强度不足产生竖向裂缝开始的,此时 σ_0 的存在和扩散将增大砌体的横向抗拉能力,加之上述梁端墙体的内拱卸荷作用,它们均对梁端砌体的局部受压有利。根据研究,取

$$\psi = 1.5 - 0.5 \frac{A_0}{A_l}$$

该式表明,只当 $A_0/A_l = 1$ 时 $\psi = 1$(A_0 为影响砌体局部抗压强度的计算面积),即局部受压面积内由上部荷载设计值产生的轴向力 N_0 才必须全部考虑。随着 A_0/A_l 的增大,上述内拱卸荷作用增大。如当 $A_0/A_l = 2$ 时,$\psi = 0.5$,表明只考虑 50% 的 N_0 作用于 A_l 内;当 $A_0/A_l \geq 3$ 时,$\psi = 0$,表明可完全不考虑 N_0 的作用。

7.2 采用何公式计算梁端(未设垫块)有效支承长度?

当梁端直接搁置在砌体上时,由于梁端挠曲变形和支承处砌体压缩变形的影响,受力后梁端底面与砌体接触的长度通常不等于梁端的实际支承长度 a,因而在式(7-1)中确定局部受压面积时,应按梁端有效支承长度 a_0 计算,即取 $A_l = a_0 b$(b 为梁宽)。其中,

$$a_0 = 38\sqrt{\frac{N_l}{bf\mathrm{tg}\theta}} \leqslant a \tag{7-2}$$

这是确定 a_0 的基本公式。在使用时,要特别注意对各量单位的规定:梁端荷载设计值产生的支承压力设计值 N_l 以 kN 计;梁的截面宽度以 mm 计;砌体抗压强度设计值以 MPa 计。由此算得的 a_0 以 mm 计。

对于承受均布荷载 q、跨度为 l 的钢筋混凝土简支梁,可取 $N_l = ql/2$,$\mathrm{tg}\theta \approx \theta = ql^2/24B_c$($B_c$ 为梁的刚度),$h_c/l = 1/11$(h_c 为梁的截面高度)。由于钢筋混凝土梁可能产生裂缝以及荷载长期效应使梁的刚度降低,可取 $B_c = 0.3E_c I_c$。当采用混凝土强度等级为 C20 时,$E_c = 25.5\mathrm{kN/mm^2}$,则由式(7-2)得 a_0 的简化公式:

$$a_0 = 38\sqrt{\frac{ql}{2} \cdot \frac{1}{bf} \cdot \frac{24 \times 0.3 \times 25.5}{ql^3} \cdot \frac{bh_c^3}{12}}$$

$$= 38\sqrt{0.3 \times 25.5 \left(\frac{1}{11}\right)^2 \frac{h_c}{f}} \approx 10\sqrt{\frac{h_c}{f}},\text{取}$$

$$a_0 = 10\sqrt{\frac{h_c}{f}} \tag{7-3}$$

按式(7-2)与按式(7-3)计算所得的 a_0 值会不一致,有时还相差较大,这是因为式(7-3)是在式(7-2)的基础上,经过简化后得到的更为近似的计算式。为简化计算和避免设计上的争议,"规范"规定按式(7-3)进行计算。在常用跨度梁的情况下,式(7-3)与式(7-2)计算结果的误差约在 15% 左右,对局部受压安全度的影响不大。

7.3 如何计算梁端设有刚性垫块的砌体局部受压承载力？

当垫块高度 $t_b \geq 180$mm，垫块的长度大于梁宽，但每边超过梁宽部分不大于 t_b 时（图 7-2），称为刚性垫块。它使局部受压面积增大，且在 N_l 作用下垫块内只产生压力而不产生弯曲应力。此时砌体局部受压承载力，按下式计算：

$$N_0 + N_l \leq \varphi \gamma_1 f A_b \tag{7-4}$$

为了准确应用式（7-4），应注意下列几点。

一、N_0 和 N_l 的作用位置

局部受压面积内上部轴向力设计值 $N_0 = \sigma_0 A$（σ_0 为上部平均压应力设计值），它作用于垫块截面形心处。

梁端支承压力设计值 N_l 作用于 $0.4a_{0,b}$（图 7-2）。

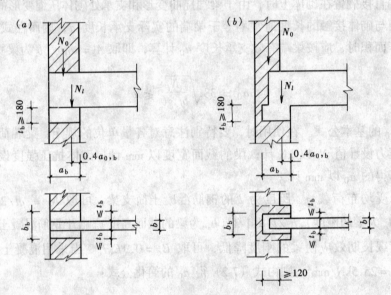

图 7-2 梁端设置刚性垫块

$a_{0,b}$ 为刚性垫块上表面的梁端有效支承长度，它不同于式（7-3），应按式（7-5）计算（为了与上述 a_0 相区别，引入符号 $a_{0,b}$）：

$$a_{0,b} = \delta_1 \sqrt{\frac{h_c}{f}} \tag{7-5}$$

式中 δ_1 为刚性垫块的影响系数，按表 7-1 采用。

刚性垫块的影响系数 表 7-1

σ_0/f	0	0.2	0.4	0.6	0.8
δ_1	5.4	5.7	6.0	6.9	7.8

注：表中其间的数值可采用插入法求得。

二、影响系数 φ

式（7-4）与砌体一般偏心受压承载力的计算公式有些类似，但又存在不同之处。式（7-4）中的 φ 亦称为影响系数，但计算时应为 N_0 与 N_l 合力的影响系数。在按式（6-10）计算时，不考虑纵向弯曲的影响，按高厚比 $\beta \leqslant 3$ 来确定 φ 值，即取 φ 等于按式（6-8）计算的 α 值。

三、影响系数 γ_1

垫块面积以外的砌体对局部受压强度提供了有利影响，考虑垫块底面压应力的不均匀分布，垫块外砌体面积的有利影响系数为 $\gamma_1 = 0.8\gamma \geqslant 1.0$。此处 $\gamma = 1 + 0.35\sqrt{\dfrac{A_0}{A_b} - 1}$，$A_b = a_b b_b$，$a_b$ 为垫块伸入墙内的长度。

四、带壁柱墙内设垫块的计算与要求

在带壁柱墙的壁柱内设置刚性垫块时（图 7-2b），通常翼缘内压应力较小，对局部受压影响有限，为简化计算，在确定 A_0 时只取壁柱截面积，而不计翼缘部分的面积。但为了确保垫块与墙体的整体受力性能，从构造上要求壁柱上的垫块伸入墙内的长度不小于 120mm。

五、现浇垫块的设置位置

当现浇垫块与梁端整体浇筑时，垫块可在梁高范围内设置，同样能起到提高砌体局部受压能力的作用。

7.4 如何确定梁端下带壁柱墙砌体局部抗压强度提高系数的限值？

若砌体抗压强度为 f，则砌体局部抗压强度取 γf，此 γ 值大于 1.0，称为局部抗压强度提高系数。根据墙体在不同局部受压位置（图 7-3 中斜线所示）时的局部受压试验结果，

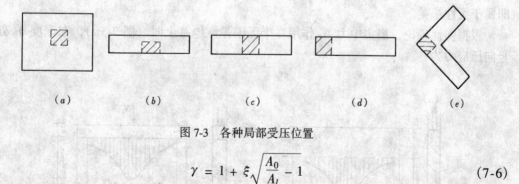

图 7-3 各种局部受压位置

$$\gamma = 1 + \xi\sqrt{\dfrac{A_0}{A_l} - 1} \tag{7-6}$$

其中：截面中心局部受压（图 7-3a），$\xi = 0.708$；一般墙段边缘（图 7-3b）、中部局部受压（图 7-3c），$\xi = 0.378$；墙端部（图 7-3d）、角部（图 7-3e）局部受压，$\xi = 0.364$。对于后二类，取 $\xi = 0.35$。在砌体结构中，中心局部受压较为少见，且为了简化计算也取 $\xi = 0.35$。因而得"规范"公式

$$\gamma = 1 + 0.35\sqrt{\frac{A_0}{A_l} - 1} \tag{7-7}$$

砌体局部受压的试验表明，大多数试件是先裂后坏，但当面积比 A_0/A_l 大于一定值时会产生危险的劈裂破坏形态，因而通过 γ 的限值来加以控制。对于中心局部受压，要求 $\gamma \leqslant 2.5$；一般墙段边缘、中部局部受压，$\gamma \leqslant 2.0$；考虑到墙端部局部受压和角部局部受压较为不利，为安全起见，分别规定 $\gamma \leqslant 1.25$（端部局部受压）和 $\gamma \leqslant 1.5$（角部局部受压）。

以上分析表明，在确定砌体局部抗压强度提高系数及其限值时，将图 7-3（b）和（c）的局部受压归为同一类。对于梁端下带壁柱墙，尽管砌体的局部受压位置有图 7-4 所示多种情况，但整体上是一个墙，仍属于上述墙段边缘、中部局部受压，因而不论出现何种局部受压位置，其砌体局部抗压强度提高系数的上限值应取为 2.0。

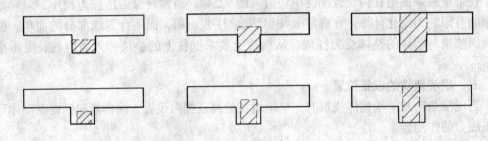

图 7-4 带壁柱墙各种局部受压位置

7.5 设置柔性垫梁时砌体局部受压承载力的计算公式是怎样得来的？

梁端底部设置长度很大的梁垫。此时在 N_l 作用下砌体局部受压应力不再按刚性垫块时的规律分布，该梁垫称为柔性垫梁。如在屋面或楼面大梁底沿砖墙设置的圈梁或连系梁即属于柔性垫梁。

根据弹性理论，当集中力 N_l 作用在半无限弹性地基上时（图 7-5a），在深度 h_0 处的竖向压应力为

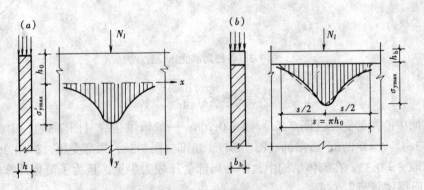

图 7-5 柔性垫梁的局部受压应力分析

$$\sigma'_y = \frac{2N_l h_0^3}{\pi h (h_0^2 + x^2)^2} \tag{7-8}$$

当 $x = 0$ 时，N_l 作用点下深度为 h_0 处应力最大

$$\sigma'_{y\max} = \frac{2N_l}{\pi h h_0} = 0.64 \frac{N_l}{h h_0} \tag{7-9}$$

当垫梁受集中力 N_l 作用时（图 7-5b），将垫梁视为弹性地基梁，梁底面的竖向应力与"弹性特征值 k"有关。

$$k = \frac{16\pi^3 E_c I_c}{E h l^3} \tag{7-10}$$

式中 E_c、I_c——分别为弹性地基梁（即垫梁）的弹性模量和惯性矩；
　　　E——弹性地基（即砌体）的弹性模量；
　　　h——墙厚；
　　　l——集中力之间的距离。

同上理，N_l 作用点下垫梁底面处的应力最大

$$\sigma_{y\max} = \frac{2.418 N_l}{l} \frac{1}{b_b \sqrt[3]{k}} = 0.31 \frac{N_l}{b_b} \sqrt[3]{\frac{Eh}{E_c I_c}} \tag{7-11}$$

以上分析表明，有弹性地基梁（有垫梁）和没有弹性地基梁（无垫梁）时，其竖向应力的变化规律是相似的。如图 7-5a 和图 7-5b 中弹性地基的材料相同，且 $h = b_b$，则令 $\sigma'_{y\max} = \sigma_{y\max}$，便可将上述垫梁换算成高度为 h_0 的弹性地基（砌体）。由式（7-9）和式（7-11）可得垫梁折算高度计算式为：

$$h_0 = \frac{0.64}{0.31} \sqrt[3]{\frac{E_c I_c}{Eh}} \approx 2\sqrt[3]{\frac{E_c I_c}{Eh}} \tag{7-12}$$

在图 7-5b 中，为简化计算，以三角形竖向应力图形代替曲线分布的竖向应力图形。按静力平衡条件：$N_l = \frac{1}{2}\sigma_{\max} b_b s = \frac{1}{2} \frac{2N_l}{\pi h h_0} b_b s$，可求得折算的竖向应力分布长度 $s = \pi h_0$。

要确保垫梁下砌体的局部受压强度，同样应使其最大压应力不大于砌体抗压强度。根据试验研究，可取 $\sigma_{y\max} \leq 1.5f$。由图 7-5b，$N_l \leq \frac{1}{2}\pi h_0 b_b \sigma_{y\max} = 2.36 h_0 b_b f \approx 2.4 h_0 b_b f$。

以上分析为垫梁底面压应力均匀分布的结果，工程上荷载往往沿墙厚方向并非均匀分布，经计算分析引入垫梁底面压应力分布系数 $\delta_2 = 0.8$（均匀分布时 $\delta_2 = 1.0$）。

综上所述，在钢筋混凝土垫梁受上部荷载 N_0 和局部荷载 N_l 作用，且垫梁长度大于 πh_0 时，垫梁下砌体的局部受压承载力，按下式计算：

$$N_0 + N_l \leq 2.4 \delta_2 f b_b h_0 \tag{7-13}$$

8 配筋砖砌体受压构件计算

配筋砌体结构具有较高的承载力和延性，改善了无筋砌体结构的受力性能，扩大了砌体结构的应用范围。在"砌体结构"中重点论述了配筋砖砌体构件的受压性能和构造要求，本章对其受压承载力计算中的疑难之处作进一步的阐述。

8.1 什么是配筋砌体结构？

一般来说，配筋砌体结构是由配置钢筋的砌体作为主要受力构件的结构。按照钢筋的作用及配筋方式的不同，配筋砌体结构的类型多种多样。

一、按钢筋的作用分类

1. 配筋砌体结构

通过配筋使钢筋在受力过程中强度达到流限的砌体结构，称为配筋砌体结构。国内外比较一致的认为配筋砌体结构构件中竖向和水平方向的配筋率均大于 0.07%。如配筋混凝土砌块砌体剪力墙，具有和钢筋混凝土类似的受力性能。有的还提出竖向和水平方向配筋率之和不小于 0.2%，为此有的将其称为全配筋砌体结构。

2. 约束砌体结构

通过竖向和水平钢筋混凝土构件约束墙体，使其在抵抗水平作用时增加墙体的极限水平位移，从而提高墙体的延性，使墙体裂而不倒。其性能介于无筋砌体和配筋砌体结构之间，或者相对于配筋砌体结构而言，是配筋加强较弱的一种砌体结构。最为典型的是钢筋混凝土构造柱-圈梁形成的砌体结构体系。现在新的砌体结构设计规范和建筑抗震设计规范中，按照提高墙体的受压和受剪承载力的要求设置构造柱（构造柱间距不宜大于 4m）称为砖砌体和钢筋混凝土构造柱组合墙，这是对构造柱作用的一种新发展。

二、按配筋方式分类

按钢筋设置的部位及方式的不同，可分为均匀配筋砌体结构、集中配筋砌体结构和集中-均匀配筋砌体结构。如网状配筋砖砌体构件、配筋混凝土砌块砌体剪力墙，属均匀配筋砌体结构；砖砌体和钢筋混凝土构造柱组合墙，属集中配筋砌体结构；砖砌体和钢筋混凝土面层或钢筋砂浆面层的组合砌体柱或墙，属集中-均匀配筋砌体结构。

8.2 怎样确定网状配筋砖砌体受压构件承载力？

在砖砌体的水平灰缝内设置一定数量和规格的钢筋网的砌体，称为网状配筋砖砌体。常用的钢筋网为方格形，称为方格钢筋网（图 8-1a）；也可制成连弯形，称为连弯钢筋网（图 8-1b）。网状配筋砌体受竖向压力作用时，因砌体的横向变形受到钢筋的约束，从而间接地提高了砌体的抗压强度。由于钢筋设在水平灰缝内，它又称为横向配筋砌体。

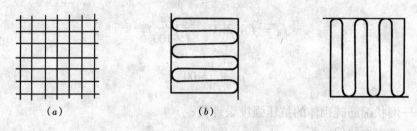

图 8-1 钢筋网

一、网状配筋砖砌体的抗压强度

根据试验研究，网状配筋砖砌体在轴心受压时的抗压强度平均值，按下式计算：

$$f_{nm} = f_m + \frac{2\rho}{100} f_{ym} \tag{8-1}$$

当偏心受压时，需考虑偏心距的影响，

$$f_{nm} = f_m + \frac{2\rho}{100}\left(1 - \frac{2e}{y}\right) f_{ym} \tag{8-2}$$

式中 f_m——无筋砌体抗压强度平均值；
ρ——配筋率；
f_{ym}——受拉钢筋强度平均值。

按试验结果，$f_{nm}/f_m \leqslant 4$。对于 $\rho = (0.1 \sim 1)\%$ 的网状配筋砌体，其抗压强度能满足这一要求。但当网状配筋砖砌体构件下端与无筋砌体交接时，应对无筋砌体的局部受压强度进行验算，以避免在交接处无筋砌体的受压应力过高而引起破坏。

二、网状配筋砖砌体构件的影响系数

它是指高厚比、配筋率和轴向力的偏心距对网状配筋砖砌体受压构件承载力的影响系数 φ_n。对于网状配筋砖砌体构件，因要求荷载偏心距不超过截面核心范围，即 $e \leqslant 0.17h$，与式（6-10）同理，得

$$\varphi_n = \frac{1}{1 + 12\left[\frac{e}{h} + \sqrt{\frac{1}{12}\left(\frac{1}{\varphi_{0n}} - 1\right)}\right]^2} \tag{8-3}$$

其中稳定系数

$$\varphi_{0n} = \frac{1}{1 + \frac{1 + 3\rho}{667}\beta^2} \tag{8-4}$$

可以看出，当 $f_2 \geqslant 5\text{MPa}$ 且 $\rho = (0.1 \sim 1)\%$ 时，按式（8-4）计算的稳定系数较按式（6-11）计算的稳定系数要小。因而网状配筋砖砌体受压构件的影响系数要小于同等条件下（如 e 和 β 相等）的无筋砌体受压构件的影响系数。对于细长构件，如仍采用网状配筋砖砌体，效果较差，故要求其构件高厚比不大于 16。

三、网状配筋砖砌体受压构件承载力计算公式

将上述材料强度平均值转换为设计值，网状配筋砖砌体受压构件的承载力，按下列公式计算：

$$N \leqslant \varphi_n f_n A \tag{8-5}$$

$$f_n = f + 2\left(1 - \frac{2e}{y}\right)\frac{\rho}{100}f_y \tag{8-6}$$

$$\rho = \frac{V_s}{V}100 \tag{8-7}$$

式中　f_n——网状配筋砖砌体的抗压强度设计值；

　　　e——轴向力的偏心距；

　　　ρ——体积配筋率，采用截面面积为 A_s 的钢筋组成的方格网，网格尺寸为 a 和钢筋网的间距为 s_n 时，$\rho = \frac{2A_s}{as_n}100$；当采用连弯钢筋网，因网的钢筋方向互相垂直，沿砌体高度交错设置，其 s_n 应取同一方向网的竖向间距；

　　　V_s，V——分别为钢筋和砌体的体积；

　　　f_y——受拉钢筋的强度设计值，当 $f_y > 320\text{MPa}$ 时，仍采用 320MPa。

计算时下列几方面易引起差错，应予注意。

(1) 轴向力的偏心距和构件的高厚比应符合规定的限值要求。

(2) 在表 4-1 的情况下，未能正确对砌体强度设计值进行调整。如当网状配筋砖砌体构件截面面积 $A < 0.2\text{m}^2$ 时，错误取 $f_n = \gamma_a\left[f + 2\left(1 - \frac{2e}{y}\right)\frac{\rho}{100}f_y\right]$，正确的是 $f_n = \gamma_a f + 2\left(1 - \frac{2e}{y}\right)\frac{\rho}{100}f_y$。

(3) 在选用钢筋的直径、网格尺寸或钢筋网的竖向间距不符合构造要求的情况下一味地进行计算。

8.3 怎样确定砖砌体和钢筋混凝土面层或钢筋砂浆面层的组合砌体受压构件的承载力？

当无筋砌体构件的截面尺寸受限制，或不经济，以及当荷载偏心距超过规定的限值时，可采用图 8-2 所示组合砖砌体构件。

一、组合砖砌体轴心受压构件的承载力计算

1. 材料强度系数

由于砖砌体受钢筋混凝土面层或钢筋砂浆面层的约束作用，砌体抵抗受压变形的能力增大，当组合砌体达极限承载力时，砖砌体的抗压强度未被充分利用。此时砖砌体的压应力与砖砌体的极限抗压强度之比，称为砖砌体的强度系数（η_m）。对于钢筋混凝土面层的组合砖砌体，η_m 值可根据变形协调的方法予以确定。即认为此时砖砌体的应变值等于组合砌体破坏时的应变值，由砖砌体的应力-应变关系，可求得此时砖砌体的应力，它与砖砌体抗压强度之比即

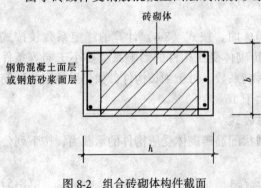

图 8-2　组合砖砌体构件截面

为砖砌体的强度系数。根据试验结果，该系数的平均值为 0.945。当面层采用水泥砂浆时，砂浆的极限压缩变形不仅小于混凝土的极限压应变，还小于受压钢筋的屈服应变，受压钢筋的强度亦不能充分被利用。根据试验结果，当为砂浆面层时，$\eta_m = 0.93$；钢筋的强度系数平均为 0.93。

2. 稳定系数

组合砖砌体构件的稳定系数 φ_{com} 介于无筋砌体构件的稳定系数 φ_0 与钢筋混凝土构件的稳定系数 φ_{rc} 之间。其值主要与高厚比 β 和配筋率 ρ 有关，可按下式计算，亦可从表 8-1 中查得。

$$\varphi_{com} = \varphi_0 + 100\rho(\varphi_{rc} - \varphi_0) \leqslant \varphi_{rc} \tag{8-8}$$

组合砖砌体构件的稳定系数 表 8-1

高厚比 β	配筋率 ρ (%)					
	0	0.2	0.4	0.6	0.8	≥1.0
8	0.91	0.93	0.95	0.97	0.99	1.00
10	0.87	0.90	0.92	0.94	0.96	0.98
12	0.82	0.85	0.88	0.91	0.93	0.95
14	0.77	0.80	0.83	0.86	0.89	0.92
16	0.72	0.75	0.78	0.81	0.84	0.87
18	0.67	0.70	0.73	0.76	0.79	0.81
20	0.62	0.65	0.68	0.71	0.73	0.75
22	0.58	0.61	0.64	0.66	0.68	0.70
24	0.54	0.57	0.59	0.61	0.63	0.65
26	0.50	0.52	0.54	0.56	0.58	0.60
28	0.46	0.48	0.50	0.52	0.54	0.56

注：$\rho = A'_s / bh$。

3. 承载力计算公式

对于混凝土面层的组合砖砌体，如前所述由试验得 $\eta_m = 0.945$，计算时偏安全地取 $\eta_m = 0.9$，$\eta_s = 1.0$，对于砂浆面层的组合砖砌体，尽管试验得 $\eta_m = 0.93$，但因其变异较大，应较混凝土面层时的值略低，根据分析应取 $\eta_m = 0.85$。为了使计算公式中两种面层的 η_m 的取值一致，现将砂浆面层组合砖砌体的 η_m 值等于混凝土面层组合砖砌体的 η_m 值。这提高了砂浆面层组合砖砌体中砌体部分的承载力，但采取适当降低砂浆的轴心抗压强度设计值，可相互得到补偿。按试验结果，砂浆轴心抗压强度平均值与强度等级的比值约为 0.8，这与混凝土的试验结果一致。由于砂浆强度的变异较混凝土的大，可将砂浆的轴心抗压强度设计值取为同强度等级混凝土的 70%。对于砂浆面层的组合砖砌体，计算时取 $\eta_s = 0.9$。

由以上分析，砖砌体和钢筋混凝土面层或钢筋砂浆面层的组合砌体构件，其轴心受压承载力按下式计算：

$$N \leqslant \varphi_{com}(fA + f_c A_c + \eta_s f'_y A'_s) \tag{8-9}$$

式中 φ_{com}——组合砖砌体构件的稳定系数,按表 8-1 采用;
　　　A——砖砌体的截面面积;
　　　A_c——混凝土或砂浆面层的截面面积;
　　　f_c——混凝土或面层砂浆的轴心抗压强度设计值,砂浆的轴心抗压强度设计值可取为同强度等级混凝土的轴心抗压强度设计值的 70%,当砂浆为 M15 时,取 5.2MPa;当砂浆为 M10 时,取 3.5MPa;当砂浆为 M7.5 时,取 2.6MPa;
　　　η_s——受压钢筋的强度系数,当为混凝土面层时,可取 1.0;当为砂浆面层时,可取 0.9;
　　　f'_y——钢筋的抗压强度设计值;
　　　A'_s——受压钢筋的截面面积。

二、组合砖砌体偏心受压构件的承载力计算

组合砖砌体构件偏心受压时(图 8-3),其承载能力和变形性能与钢筋混凝土构件的相似。因此在确定组合砖砌体构件偏心受压时的水平位移、钢筋应力以及截面受压区相对高度的界限值等方面,均采用与钢筋混凝土偏心受压构件类似的分析和计算方法。

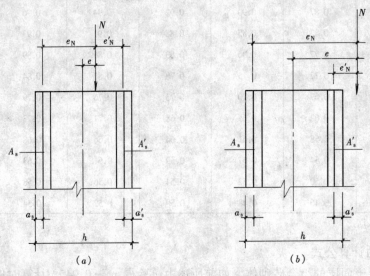

图 8-3　组合砖砌体偏心受压构件

1. 构件在极限承载力时的水平位移

为了确定组合砖砌体偏心受压构件的极限承载力,取用控制截面的转动-曲率达到极限状态时的附加弯矩,这是一种考虑"细长效应"的近似计算方法。

根据平截面变形假定,截面破坏时的曲率为

$$\rho = \frac{\varepsilon_c + \varepsilon_s}{h_0}$$

此时构件的水平位移为

$$u = \rho \frac{H_0^2}{\psi} = \frac{\varepsilon_c + \varepsilon_s}{h_0} \frac{H_0^2}{\psi} \tag{8-10}$$

式中 ε_c——受压边缘混凝土的极限压应变；
　　　ε_s——受拉钢筋的屈服应变；
　　　h_0——截面有效高度；
　　　ψ——表征构件变形曲率沿高度分布形态的系数。

试验表明，对于面层为钢筋混凝土的组合砖砌体构件，如以实测的应变 ε'_c 和 ε'_s 代入式(8-10)，则计算的水平位移与实测的接近，故按理应取 $\varepsilon_c = 0.0033$、取 $\varepsilon_c = f_y/E_s$。但按此代入式（8-10）计算的水平位移较实测的大得多。因此，应在后者的基础上对其应变取值加以修正，即取 $\varepsilon_c + \varepsilon_s = 0.003 + \dfrac{f_y}{E_s} - 10^{-4}\beta$，且采用较大的钢筋屈服应变：$f_y/E_s = 0.0016$。最后以 $\psi = 11, h_0 = 0.95h$ 等一并代入式（8-10），得

$$u = \frac{0.003 + 0.0016 - 10^{-4}\beta}{0.95h} \frac{H_0^2}{11} = \frac{0.0046 - 10^{-4}\beta}{10.45}\left(\frac{H_0}{h}\right)^2 h$$

$$= \frac{\beta^2 h}{2272}(1 - 0.0217\beta)$$

此处的 u 即为组合砖砌体构件在轴向力作用下的附加偏心距 e_a，并可简化为下式：

$$e_a = \frac{\beta^2 h}{2200}(1 - 0.022\beta) \tag{8-11}$$

式中 β——构件高厚比，按偏心方向的边长计算。

2. 钢筋的应力及截面受压区相对高度的界限值

当组合砖砌体构件大偏心受压时（图8-3b），距轴向力 N 较远侧钢筋的应力达到屈服，可取 $\sigma_s = f_y$。

当小偏心受压时（图8-3a），钢筋应力为变值。根据平截面变形假定，并考虑材料的塑性变形，距轴向力 N 较远侧钢筋应力的平均值 $\sigma_{sm} = 600\left(\dfrac{0.7}{\xi} - 1\right)$。$\xi$ 为截面受压区的相对高度，$\xi = x/h_0$。为方便计算，现将 σ_{sm} 简化为线性公式，即

$$\sigma_{sm} = 900 - 1100\xi$$

将其转换为设计值，得

$$\sigma_s = \frac{\sigma_{sm}}{1.329} = \frac{900 - 1100\xi}{1.329} = 677.2 - 827.7\xi$$

并最后简化为

$$\sigma_s = 650 - 800\xi \tag{8-12}$$

由上式可得 $\xi = \dfrac{650 - \sigma_s}{800}$。钢筋应力屈服时的 ξ 值即为组合砖砌体构件在大、小偏心受压时受压区相对高度的界限值 ξ_b。采用 HPB235 级钢筋配筋时，$\xi_b = 0.55$；采用 HRB335 级钢筋配筋时，$\xi_b = 0.425$。

3. 承载力计算公式

由以上分析，砖砌体和钢筋混凝土面层或钢筋砂浆面层的组合砌体构件，其偏心受压承载力按下列公式计算。

由截面静力平衡条件 $\Sigma N = 0$，得

$$N \leq fA' + f_cA'_c + \eta_s f'_y A'_s - \sigma_s A_s \tag{8-13}$$

另外，由 $\Sigma M_{A_s} = 0$，得

$$Ne_N \leq fS_s + f_c S_{c,s} + \eta_s f'_y A'_s (h_0 - a'_s) \tag{8-14}$$

受压区的高度 x 按下式计算

$$fS_N + f_c S_{c,N} + \eta_s f'_y A'_s e'_N - \sigma_s A_s e_N = 0 \tag{8-15}$$

$$e_N = e + e_a + \left(\frac{h}{2} - a_s\right) \tag{8-16}$$

$$e'_N = e + e_a - \left(\frac{h}{2} - a'_s\right) \tag{8-17}$$

式中　A_s——距轴向力 N 较远侧钢筋的截面面积；

　　　σ_s——钢筋 A_s 的应力；

　　　A'——砖砌体受压部分的面积；

　　　A'_c——混凝土或砂浆面层受压部分的面积；

　　　S_s——砖砌体受压部分的面积对钢筋 A_s 重心的面积矩；

　　　$S_{c,s}$——混凝土或砂浆面层受压部分面积对钢筋 A_s 重心的面积矩；

　　　S_N——砖砌体受压部分的面积对轴向力 N 作用点的面积矩；

　　　$S_{c,N}$——混凝土或砂浆面层受压部分面积对轴向力 N 作用点的面积矩；

　　　e'_N, e_N——钢筋 A'_s 和 A_s 重心至轴向力 N 作用点的距离（图 8-3）；

　　　e——轴向力的初始偏心距，按荷载设计值计算，当 $e < 0.05h$ 时，应取 $e = 0.05h$；

　　　e_a——组合砖砌体构件在轴向力作用下的附加偏心距；

　　　h_0——组合砖砌体构件截面的有效高度，$h_0 = h - a_s$；

　　　a'_s, a_s——分别为钢筋 A'_s 和 A_s 重心至截面较近边的距离。

对于一般的组合砖砌体构件，当 $e = 0.05h$ 时，按轴心受压计算的承载力与按偏心受压计算的很接近。但当 $0 \leq e < 0.05h$ 时，按前者计算的承载力则略低于按后者计算的。为了避免这一矛盾，特规定当偏心距很小，即 $e < 0.05h$ 时，取 $e = 0.05h$，且按偏心受压式（8-13）~式（8-15）进行计算。

8.4　组合砖砌体受压构件承载力的计算方法可否应用于砌体结构的加固设计？

图 8-4（a）表示组合砖砌体受压构件，构件的顶部和底部设有钢筋混凝土垫块，荷载通过垫块作用于构件的整个截面。第 8.3 节中的计算公式是基于该构件能直接承受外荷载的条件，它的承载力分析属直接受荷概念。对房屋的砖柱加固，施工时若只按一般的方法在柱的两侧灌筑钢筋混凝土面层（或钢筋砂浆面层），当面层混凝土或砂浆结硬后，由于材料的收缩，以及构件顶部处的面层很难与梁端或板端紧密结合，往往会在这些部位产生缝隙（图 8-4b）。此时楼面梁、板荷载仍将直接传给砌体；而面层由于对原砌体形成约束作用，则间接承受外荷载。这种组合砖砌体承载力的分析属间接受荷概念。因此，采用面层加固后的组合砖砌体构件，能否用上述公式计算其承载力，关键在于新设的面层是否

与原有砌体共同工作并直接承受外荷载。上述砖柱加固时，如面层在梁、板接触部位采用膨胀水泥，混凝土结硬后，面层能与梁端或板端紧密接触，便能直接承受荷载。如采用普通混凝土或砂浆作面层，施工时采用千斤顶事先将楼面梁或板顶升，并控制面层混凝土或砂浆的灌筑高度，待面层材料达到强度后，恢复梁、板的原来位置使其与面层紧密接触，直接承受荷载。既使采取了这些措施，还需分析并确定二次受力加固结构的应变滞后和应力超前的影响。

根据目前的研究资料，采用钢筋混凝土面层或钢筋砂浆面层加固砖墙、柱时，其受压承载力可参考下列公式进行计算：

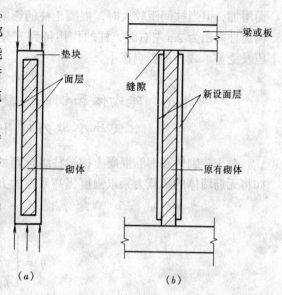

图 8-4　组合砖砌体构件的直接受荷与间接受荷

轴心受压时

$$N \leqslant \varphi_{com}[fA + \psi(f_c A_c + \eta_s f'_y A'_s)] \tag{8-18}$$

偏心受压时

$$N \leqslant fA' + \psi(f_c A'_c + \eta_s f'_y A'_s) - \sigma_s A_s \tag{8-19}$$

或

$$Ne_N \leqslant fS_s + \psi[f_c S_{c,s} + \eta_s f'_y A'_s (h_0 - a_s)] \tag{8-20}$$

$$fS_N + \psi(f_c S_{c,N} + \eta_s f'_y A'_s e'_N) - \sigma_s A_s e_N = 0 \tag{8-21}$$

以上式中 ψ 为新旧构件的共同工作系数，可根据原砌体是否完好和新旧构件结合的牢固程度取 $\psi = 0.8 \sim 0.95$。

经验表明，为保证砌体结构加固的可靠性，加固时原砌体的工作应力不宜过高，否则应采取卸载加固。

8.5　在砖砌体和钢筋混凝土构造柱组合墙中构造柱的作用是什么？

砖砌体和钢筋混凝土构造柱组合墙是在钢筋混凝土构造柱-圈梁体系上发展而成的一种结构形式，其中混凝土柱的截面尺寸和配筋量虽基本按构造柱的要求，但柱间距较小，构造柱和圈梁不仅使砌体受到约束，还能直接参与受力，可在住宅等多层民用建筑中用作承重墙，较为经济。

有限元分析和试验结果表明，在使用阶段，构造柱和砖墙体具有良好的整体工作性能。组合墙受压或受剪时，构造柱的作用主要反映在两个方面，一是因混凝土柱和砖墙刚度不同及内力重分布，分担作用于墙体上的竖向压力及水平剪力；二是柱与圈梁形成"弱框架"，约束砌体的横向变形，从而提高了墙体的受压与受剪承载力。在影响这种组合墙承载力的诸多因素中，构造柱间距的影响最为显著，组合墙的受压承载力随柱间距的减小而增加，但当柱间距较大时，混凝土柱的影响减弱，约束砌体横向变形的能力也小得多。构造柱间距为2m左右时，柱的作用得到充分发挥，间距大于4m时，构造柱对组合墙受压及受剪承载力的影响很小。

8.6 砖砌体和钢筋混凝土构造柱组合墙的轴心受压承载力计算公式有何特点？

对于砖砌体和钢筋混凝土构造柱组合墙的轴心受压承载力，曾提出过几种计算方法，如将无筋墙体的承载力乘以强度提高系数的方法等。"规范"采用下列公式计算（图8-5）：

$$N \leq \varphi_{com}[fA_n + \eta(f_cA_c + f'_yA'_s)] \tag{8-22}$$

$$\eta = \left[\frac{1}{\dfrac{l}{b_c} - 3}\right]^{\frac{1}{4}} \tag{8-23}$$

式中 φ_{com}——组合砖墙的稳定系数，可按表8-1采用；

η——强度系数，当l/b_c小于4时取l/b_c等于4；

l——沿墙长方向构造柱的间距；

b_c——沿墙长方向构造柱的宽度；

A_n——砖砌体的净截面面积；

A_c——构造柱的截面面积。

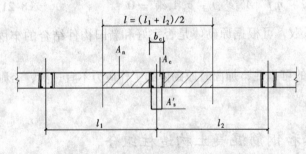

图8-5 砖砌体和构造柱组合墙截面

按有限元非线性分析，当构造柱间距小于1m后，计算得到的极限荷载与砖砌体和钢筋混凝面层的组合砌体构件按式（8-9）得到的极限荷载很接近。因而可按式（8-23）计算，当$l/b_c<4$时，取l/b_c。对比式（8-22）和式（8-9）可看出，二者计算模式相同，引入一个强度系数η又反映了它们的差异。因而式（8-22）的特点在于使这两种组合砖砌体构件（图8-2、图8-5）的轴心受压承载力不仅计算公式相互衔接，且具有在理论体系上的一致性。

8.7 设计组合墙时应注意的问题在哪里？

上述组合墙是指按间距l设置钢筋混凝土构造柱，沿房屋楼层设置混凝土圈梁，且构造柱与圈梁和砌体之间可靠连接而形成的一种组合结构，为保证其整体受力性能，设计时应注意下列问题。

（1）在构造柱的材料、截面尺寸、间距的选择及施工方法等方面应符合"规范"规定的要求。如构造柱间距超过 4m，则不属组合墙结构。

（2）工程设计上，应当注意到式（8-22）是建立在构造柱…柱的截面尺寸、混凝土强度等级和配置的竖向受力钢筋的级别、直…选定的，因而它不是"设有钢筋混凝土柱的组合墙"。当组合墙的轴心…设计要求的承载力时，不应过多的增大柱截面尺寸或提高混凝土强度等级，…径的钢筋，而减小构造柱间距是适宜的选择。

（3）对这种组合墙的偏心受压承载力虽有一些试验和分析，但在"规范"中尚未…其计算公式，有待进一步探讨。因而砖砌体和钢筋混凝土构造柱组合墙适用于多层房屋中…承受均布轴心压力作用的墙体。这种墙体的抗剪能力见第 20.2 节所述。

配筋混凝土砌块
砌体剪力墙设计

混凝土空心砌块是我国墙体材料革新中主要推荐的承重墙体材料。配筋混凝土砌块砌体的受力和变形性能与钢筋混凝土剪力墙的相近，具有良好的静力和抗震能力，是中、高层住宅、办公楼、旅馆、医院、商住楼等建筑中可供选择和应用的一种结构形式。

9.1 何谓配筋混凝土砌块砌体剪力墙？

在混凝土小型空心砌块砌体的竖向孔洞内配置竖向钢筋、在水平孔洞内或水平灰缝内配置水平钢筋并用灌孔混凝土灌实，用以承受竖向和水平作用的墙体，称为配筋混凝土砌块砌体剪力墙。墙肢中的配筋如图9-1所示，其中 A_s、A'_s 分别称为竖向受拉主筋和受压主筋，它位于由箍筋或水平分布钢筋拉接约束的边缘构件（暗柱）内；A_{si} 为竖向分布钢筋；A_{sh} 为水平分布钢筋。

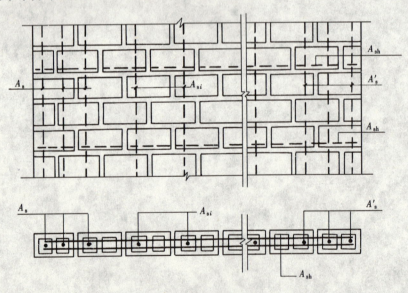

图 9-1 墙肢中的钢筋

9.2 如何确定配筋混凝土砌块砌体剪力墙、柱的轴心受压承载力？

配筋混凝土砌块砌体剪力墙、柱受轴心压力作用时，在配有箍筋或水平分布钢筋的条件下，砌体受到横向钢筋的约束，砌体和竖向钢筋共同承压，且在墙、柱破坏时仍保持良好的整体性。其轴心受压承载力按下式计算：

$$N \leqslant \varphi_{0g}(f_g A + 0.8 f'_y A'_s) \tag{9-1}$$

$$\varphi_{0g} = \frac{1}{1 + 0.001\beta^2} \tag{9-2}$$

式中　N——轴向力设计值；
　　　φ_{0g}——轴心受压构件的稳定系数；
　　　f_g——灌孔砌体的抗压强度设计值；
　　　f'_y——钢筋的抗压强度设计值；
　　　A——构件的毛截面面积；
　　　A'_s——全部竖向钢筋的截面面积；
　　　β——墙、柱的高厚比。

上述分析表明，式（9-1）只用于计算配有箍筋或水平分布钢筋的配筋混凝土砌块砌体剪力墙、柱的轴心受压承载力。对于未配置箍筋或水平分布钢筋的剪力墙、柱，其轴心受压承载力不考虑竖向钢筋的作用（取 $f'_y A'_s = 0$），以策安全，即按下式计算：

$$N \leqslant \varphi_{0g} f_g A \tag{9-3}$$

9.3　如何计算配筋混凝土砌块砌体剪力墙平面外的受压承载力？

在配筋混凝土砌块砌体剪力墙中，由于竖向钢筋设置在砌块孔洞中心即墙厚的中部，当墙体受平面外的压力（沿墙厚方向的偏心距为 e）作用时，通常不计入竖向钢筋的受力。因此配筋混凝土砌块砌体剪力墙的平面外偏心受压承载力，如同无筋砌体构件那样计算，由式（6-1）得

$$N \leqslant \varphi f_g A \tag{9-4}$$

当轴向力的偏心距 $e > 0.6y$ 时，"规范"未提供计算方法。有的文献建议，当 $0.6y < e \leqslant 0.95y$ 时，按材料力学确定墙截面受拉边缘的拉应力，并使其不超过灌孔砌体弯曲抗拉强度设计值的方法来计算，即

$$N \leqslant \frac{f_{g,tm} A}{\dfrac{Ae}{W} - 1} \tag{9-5}$$

式中　N——轴向力设计值；
　　　$f_{g,tm}$——混凝土砌块灌孔砌体的弯曲抗拉强度设计值；
　　　A——截面面积；
　　　W——截面抵抗矩。

当 $e>0.95y$ 时，可按配筋砌块砌体剪力墙平面内偏心受压正截面承载力的方法（即第 9.4 节的方法）进行计算，但受拉主筋合力点的位置 $a_s = h/2$（h 为墙厚）。

9.4 怎样计算矩形截面对称配筋混凝土砌块砌体剪力墙的偏心受压正截面承载力？

配筋混凝土砌块砌体剪力墙的偏心受压正截面承载力，采用与钢筋混凝土剪力墙相类似的计算方法。

一、基本计算公式

按图 9-2，矩形截面配筋混凝土砌块砌体剪力墙偏心受压正截面承载力的基本计算公式如下。

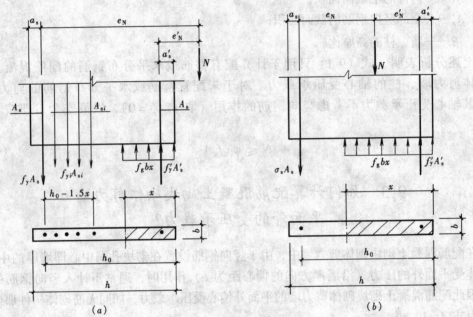

图 9-2 矩形截面配筋混凝土砌块砌体剪力墙偏心受压
(a) 大偏心受压；(b) 小偏心受压

1. 大偏心受压（图 9-2a）

$$N \leq f_g bx + f'_y A'_s - f_y A_s - \Sigma f_{yi} A_{si} \tag{9-6}$$

$$Ne_N \leq f_g bx\left(h_0 - \frac{x}{2}\right) + f'_y A'_s (h_0 - a'_s) - \Sigma f_{yi} S_{si} \tag{9-7}$$

式中 N——轴向力设计值；
　　　f_g——灌孔砌体的抗压强度设计值；
　　　f_y, f'_y——竖向受拉、受压主筋的强度设计值；
　　　b——截面宽度；
　　　x——截面受压区高度；

f_{yi}——竖向分布钢筋的抗拉强度设计值；

A_s, A'_s——竖向受拉、受压主筋的截面面积；

A_{si}——单根竖向分布钢筋的截面面积；

S_{si}——第 i 根竖向分布钢筋对竖向受拉主筋的面积矩；

e_N——轴向力作用点到竖向受拉主筋合力点之间的距离，可按式（8-16）及其相应的规定计算；

h_0——截面有效高度，$h_0 = h - a'_s$；

h——截面高度；

a'_s——受压主筋合力点至截面较近边的距离。

2．小偏心受压（图 9-2b）

$$N \leqslant f_g bx + f'_y A'_s - \sigma_s A_s \tag{9-8}$$

$$Ne_N \leqslant f_g bx\left(h_0 - \frac{x}{2}\right) + f'_y A'_s(h_0 - a'_s) \tag{9-9}$$

$$\sigma_s = \frac{f_y}{\xi_b - 0.8}\left(\frac{x}{h_0} - 0.8\right) \tag{9-10}$$

式中 σ_s——距轴向力较远一侧竖向钢筋（A_s）的应力；

ξ_b——界限相对受压区高度，配置 HPB235 级钢筋 $\xi_b = 0.60$，配置 HRB335 级钢筋 $\xi_b = 0.53$。

二、判别大、小偏心受压

工程上剪力墙往往承受变号弯矩作用，且为了配筋构造简单、便于施工，常采用对称配筋。由式（9-6），并取 $f'_y A'_s = f_y A_s$，可求得截面受压区高度 x。为了方便计算，设计时可先选择竖向分布钢筋，现取竖向分布钢筋的配筋率为 ρ_w，则式（9-6）中 $\Sigma f_{yi} A_{si} = f_{yw} \rho_w (h_0 - 1.5x) b$，可迅速解得

$$x = \frac{N + f_{yw} \rho_w b h_0}{(f_g + 1.5 f_{yw} \rho_w) b} \tag{9-11}$$

式中 f_{yw}——竖向分布钢筋的抗拉强度设计值；

ρ_w——竖向分布钢筋的配筋率。

当 $x \leqslant \xi_b h_0$ 时，为大偏心受压；

当 $x > \xi_b h_0$ 时，为小偏心受压。

三、大偏心受压时钢筋面积计算

将式（9-11）代入式（9-7），矩形截面对称配筋混凝土砌块砌体剪力墙按大偏心受压正截面承载力要求的受拉、受压主筋截面面积，按下列公式计算：

$$A'_s = A_s = \frac{Ne_N - f_g bx\left(h_0 - \frac{x}{2}\right) + 0.5 f_{yw} \rho_w b (h_0 - 1.5x)^2}{f'_y(h_0 - a'_s)} \tag{9-12}$$

上述计算中，如受压区高度 $x < 2a'_s$，其正截面承载力改按下式计算：

$$Ne'_N \leq f_y A_s(h_0 - a_s)$$

即
$$A_s = \frac{Ne'_N}{f_y(h_0 - a_s)} \tag{9-13}$$

式中　e'_N——轴向力作用点至竖向受压主筋合力点之间的距离，可按公式（8-17）及其相应的规定计算；

　　　a_s——受拉主筋合力点至截面较近边的距离。

四、小偏心受压时钢筋面积计算

联立解式（9-8）～式（9-10）时，得到的是 x 的三次方程，为了简化计算，类同于钢筋混凝土小偏心受压的方法作线性化处理。矩形截面对称配筋混凝土砌块砌体剪力墙按小偏心受压正截面承载力要求的受拉、受压主筋截面面积，可近似按下列公式计算：

$$\xi = \frac{x}{h_0} = \frac{N - \xi_b f_g b h_0}{\dfrac{Ne_N - 0.43 f_g b h_0^2}{(0.8 - \xi_b)(h_0 - a'_s)} + f_g b h_0} + \xi_b \tag{9-14}$$

$$A_s = A'_s = \frac{Ne_N - \xi(1 - 0.5\xi)f_g b h_0^2}{f'_y(h_0 - a'_s)} \tag{9-15}$$

对矩形截面小偏心受压剪力墙，除按上述方法作平面内的偏心受力计算外，尚应对垂直于弯矩作用平面验算其轴心受压承载力。

9.5　怎样计算配筋混凝土砌块砌体剪力墙的斜截面受剪承载力？

配筋混凝土砌块砌体剪力墙的斜截面受剪承载力，采用与钢筋混凝土剪力墙相类似的计算方法。对于矩形截面配筋混凝土砌块砌体剪力墙，其斜截面受剪承载力按下述方法计算。

1. 剪力墙的截面

为确保墙体不产生斜压破坏，剪力墙要有足够的截面，按下式予以控制：

$$V \leq 0.25 f_g bh \tag{9-16}$$

式中　V——剪力墙的剪力设计值；

　　　b——剪力墙的截面宽度；

　　　h——剪力墙的截面高度。

2. 偏心受压时

剪力墙在偏心受压时的斜截面受剪承载力，按下列公式计算：

$$V \leq \frac{1}{\lambda - 0.5}(0.6 f_{vg} b h_0 + 0.12 N) + 0.9 f_{yh} \frac{A_{sh}}{s} h_0 \tag{9-17}$$

$$\lambda = \frac{M}{Vh_0} \tag{9-18}$$

式中 M、N、V——计算截面的弯矩、轴向力和剪力设计值,当 $N > 0.25f_g bh$ 时取 $N = 0.25f_g bh$;

λ——计算截面的剪跨比,当 λ 小于 1.5 时取 1.5,当 λ 大于等于 2.2 时取 2.2;

f_{vg}——灌孔砌体抗剪强度设计值;

h_0——剪力墙截面的有效高度;

f_{yh}——水平钢筋的抗拉强度设计值;

A_{sh}——配置在同一截面内的水平分布钢筋的全部截面面积;

s——水平分布钢筋的竖向间距。

3. 偏心受拉时

剪力墙在偏心受拉时的斜截面受剪承载力,按下式计算:

$$V \leqslant \frac{1}{\lambda - 0.5}(0.6f_{vg}bh_0 - 0.22N) + 0.9f_{yh}\frac{A_{sh}}{s}h_0 \tag{9-19}$$

9.6 配筋混凝土砌块砌体剪力墙的边缘构件有何构造要求?

在剪力墙的端部、转角、丁字或十字交接处,应设置边缘构件。它不但能确保剪力墙偏心受压承载力,还可以增加剪力墙平面内和平面外的刚度,防止端部砌体或混凝土过早破坏,并能提高剪力墙抵抗反复水平地震作用的能力。

配筋混凝土砌块砌体剪力墙的边缘构件可采用配筋砌块砌体,亦可采用钢筋混凝土柱,设计时应符合下述构造要求。

1. 配筋砌块砌体边缘构件(图 9-3a)

(1)边缘构件的长度不小于 3 倍墙厚及 600mm,且此范围内的孔中设置不小于 $\phi12$ 通长竖向钢筋。

(2)当剪力墙端部的设计压应力大于 $0.8f_g$ 时,应设置间距不大于 200mm、直径不小于 6mm 的水平钢筋(钢箍),该水平钢筋宜设置在灌孔混凝土中。

2. 钢筋混凝土柱边缘构件(图 9-3b)

(1)柱的截面宽度宜等于墙厚,柱的截面长度宜为 1~2 倍的墙厚,并不应小于 200mm。

(2)柱的混凝土强度等级不宜低于该墙体块体强度等级的 2 倍,或该墙体灌孔混凝土的强度等级,也不应低于 C20。

(3)柱的竖向钢筋不宜小于 $4\phi12$,箍筋宜为 $\phi6$、间距 200mm。

(4)墙体中的水平钢筋应在柱中锚固,并应满足钢筋的锚固要求。

(5)柱的施工顺序宜为先砌砌块墙体,后浇捣混凝土。

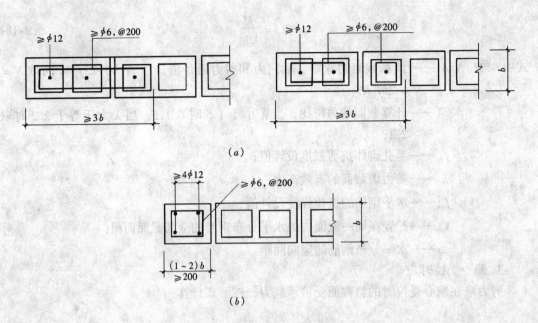

图 9-3 边缘构件构造要求

9.7 配筋混凝土砌块砌体剪力墙的钢筋布置及构造配筋有何要求?

前面已指出配筋混凝土砌块砌体构件的钢筋是设在砌块的竖向孔洞及水平孔洞或砌体的水平灰缝内,因而钢筋的规格、数量、形式(或形状)、配置位置、配置方式(包括上述边缘构件的设置),以及钢筋的锚固与搭接等与钢筋混凝土构件的有显著不同,它受到一定的限制,这正是配筋混凝土砌块砌体自身特点所决定的。

对配筋混凝土砌块砌体剪力墙的钢筋布置与构造配筋,主要有下列要求:

(1) 配筋混凝土砌块砌体剪力墙中的竖向钢筋应在每层墙高范围内连续布置,竖向钢筋可采用单排钢筋;水平分布钢筋或网片宜沿墙长连续布置,水平分布钢筋宜采用双排钢筋。

(2) 竖向钢筋的直径不宜大于 25mm;设置在水平灰缝中钢筋的直径不宜大于灰缝厚度的 1/2,不宜大于 6mm,且不应小于 4mm;设置在水平孔洞中钢筋的直径,单根布置的不宜大于 20mm,双根布置的不宜大于 14mm;两平行钢筋的净距不应小于 25mm。

(3) 剪力墙沿竖向和水平方向的构造钢筋配筋率均不宜小于 0.07%。竖向钢筋的直径不宜小于 12mm,水平钢筋的直径不宜小于 6mm;竖向、水平钢筋的间距不应大于 600mm;网片的钢筋直径不宜小于 4mm,其竖向间距不应大于 400mm。

(4) 应在墙的转角、端部和孔洞的两侧配置竖向连续的钢筋,钢筋的直径不宜小于 12mm。

(5) 应在洞口的底部和顶部设置不小于 2φ10 的水平钢筋,其伸入墙内的长度不宜小于 35d 和 400mm。

(6) 应在楼(屋)盖的所有纵横墙处设置现浇钢筋混凝土圈梁,圈梁的宽度和高度宜等于墙厚和块高,圈梁主筋不应少于4φ10,圈梁的混凝土强度等级不宜低于同层混凝土砌块强度等级的2倍,或该层灌孔混凝土的强度等级,也不应低于C20。

9.8 配筋混凝土砌块砌体剪力墙中的钢筋是如何锚固与搭接的?

配筋混凝土砌块砌体剪力墙中的竖向钢筋在芯柱混凝土中锚固与搭接,在基础或楼层梁内锚固;水平受力钢筋在凹槽混凝土带中或在砌体水平灰缝中锚固与搭接。其锚固长度和搭接长度应符合表9-1的要求。常见的锚固与搭接方式如图9-4～图9-6所示。

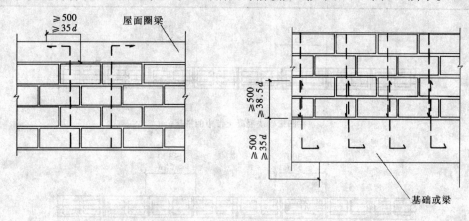

图9-4 竖向受力钢筋的锚固与搭接

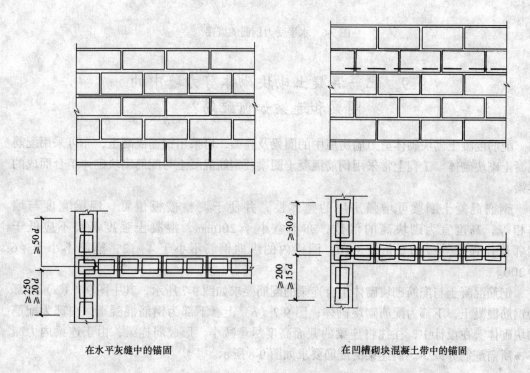

图9-5 水平受力钢筋的锚固

受拉钢筋的锚固长度和搭接长度　　　　表9-1

钢筋所在位置	锚固长度 l_a	搭接长度 l_d
竖向钢筋在芯柱混凝土中	$35d$，且不小于500mm	$38.5d$，且不小于500mm
水平钢筋在凹槽混凝土中	$30d$，且弯折段不小于$15d$和200mm	$35d$，且不小于350mm
水平钢筋在水平灰缝中	$50d$，且弯折段不小于$20d$和250mm	$55d$，且不小于300mm；隔皮错缝搭接为$55d+2h$（h为水平灰缝间距）

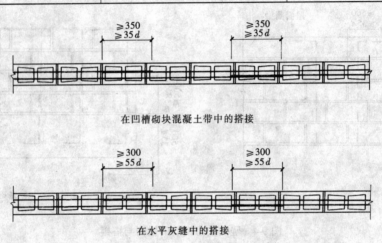

图9-6 水平受力钢筋的搭接

9.9 配筋混凝土砌块砌体剪力墙中的圈梁和连梁如何配筋？

配筋混凝土砌块砌体剪力墙房屋中的圈梁及连梁，可采用钢筋混凝土，亦可采用配筋混凝土砌块砌体。工程上常采用钢筋混凝土圈梁及钢筋混凝土与配筋砌块砌体组合而成的连梁。

钢筋混凝土圈梁可增强房屋的整体性，并便于调整楼板位置。圈梁宽度与墙厚相等，高度宜为砌块高的倍数，亦不宜小于200mm，混凝土强度等级不应低于相邻块体强度等级的2倍及C20，圈梁内的纵向钢筋不小于$4\phi12$，箍筋不小于$\phi6@200$。

钢筋混凝土与配筋砌块砌体组合连梁的配筋要求如图9-7所示，其中图9-7（a）上部为钢筋混凝土，下部为配筋砌块砌体；图9-7（b）上、下部为钢筋混凝土，中部为配筋砌块砌体。在设计中，往往将连梁的截面高度尽量减小，形成弱连梁，由于连梁内力减小，所需配筋亦减少。弱连梁的配筋要求如图9-8所示。

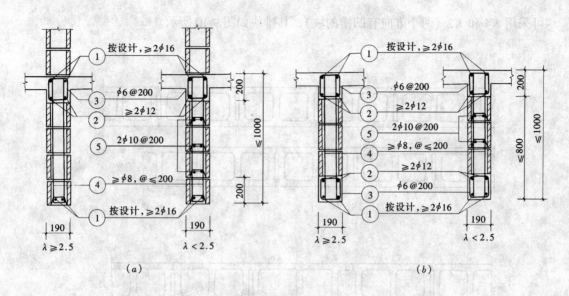

图 9-7 组合连梁配筋
(λ 为跨高比)

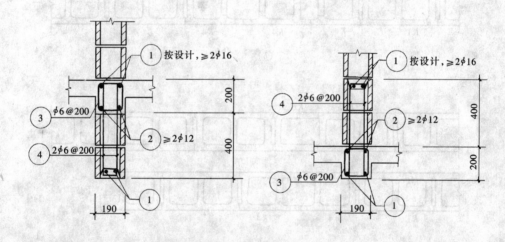

图 9-8 弱连梁配筋

9.10 砌块墙体怎样排块?

混凝土小型空心砌块的主规格尺寸（mm）为长 390×宽 190×高 190，现以 $K1$ 表示主规格砌块。为了适应墙体不同建筑尺寸、墙体中块体的相互搭砌和交接以及配置水平钢筋等的需要，还有一系列的辅助砌块，如长 290mm 的砌块（以 $K4$ 表示），长 190mm 的砌块（以 $K6$ 表示）等。墙体排块时，将墙长除以 400mm，如能整除可全部采用主规格 $K1$（如图 9-9a 所示）；如余数为 100mm 可采用 $K4$ 加 $K6$ 及 $K4$ 予以调整（图 9-9b）；如余数为 200mm 可采用 $K6$ 及 $K4$ 予以调整（图 9-9c）；如余数为 300mm 可采用 $K4$ 予以调整（图 9-9d）。

在墙体交接处（如十字、T字、L字连接），为了便于块体的搭砌和放置水平钢筋，

可采用 $K4$ 和 $K2$（两个方向有凹槽的块），其排块如图 9-10 所示。

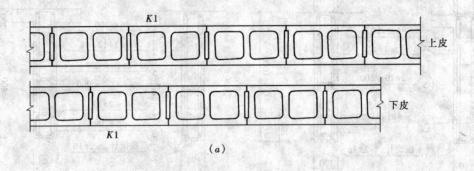

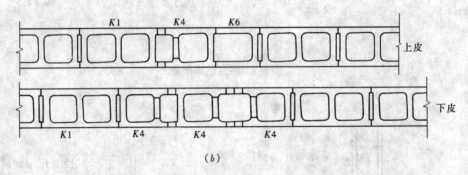

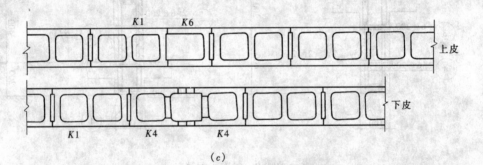

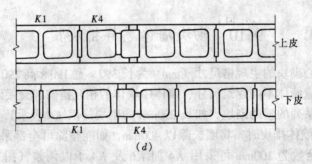

图 9-9 墙体排块
(a) 余数为 0 的排列；(b) 余数为 100 的排列；
(c) 余数为 200 的排列；(d) 余数为 300 的排列

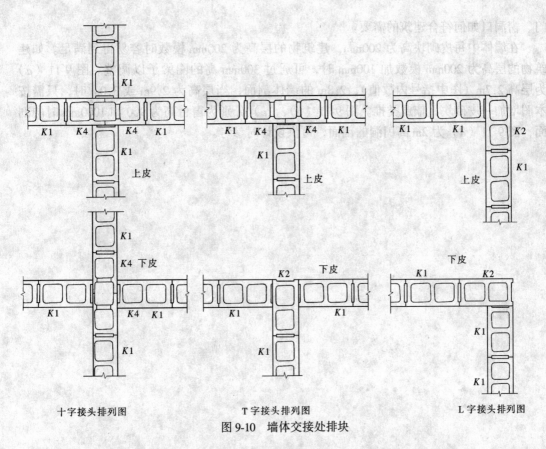

十字接头排列图　　　　　T字接头排列图　　　　　L字接头排列图

图 9-10　墙体交接处排块

9.11　如何作砌块墙体的竖向设计？

这里所述竖向设计是指混凝土砌块墙体沿高度方向如何满足不同层高的要求，以及

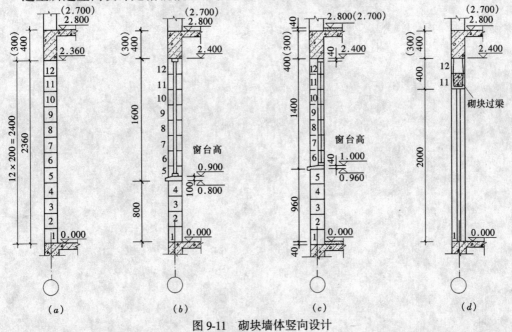

图 9-11　砌块墙体竖向设计

门、窗洞口如何符合建筑的需要。

在墙体中每皮砌块高为200mm，建筑物的层高为200mm模数时容易得到满足。如建筑物的层高为200mm模数加100mm时，可通过300mm高的圈梁予以调整。图9-11（a）为层高2.7m（图中括号内数值）、2.8m的墙体剖面，当层高为2.9m或3.0m时，只需按本图增加一皮砌块，依此类推。图9-11（b）、（c）分别为窗台高为900和1000mm时的剖面，图9-11（d）为2m高门洞的剖面，可供设计时参考。

10 混合结构房屋的空间作用

房屋中当屋盖、楼盖等水平结构构件采用钢筋混凝土或木材,而墙、柱等竖向结构构件采用砌体材料,这种房屋通常称为混合结构房屋。

分析房屋的空间作用有多种方法。对于单层混合结构房屋,在水平荷载作用下,屋盖的水平位移符合剪切变形假定,可按理论分析与经验相结合的方法确定空间性能影响系数。对于多层房屋空间作用的分析则要复杂得多。研究表明,对于混合结构房屋,影响空间作用和确定空间性能影响系数的主要因素是屋盖、楼盖类别和横墙的刚度及其间距。深入理解这一要点,方可正确划分房屋的静力计算方案和确定墙、柱计算简图。

10.1 混合结构房屋的空间作用有哪些分析方法?

图 10-1 所示单层房屋,通常由相邻柱距的中线截取一个计算单元(图 10-1 中的斜线部分),按平面排架进行计算,即假定该房屋各排架之间相互孤立。但在实际上,房屋中的屋盖(楼盖)、墙柱和基础等承重构件组成一个空间受力体系。即各排架连成整体,共同承受荷载的作用。

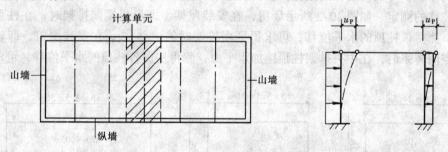

图 10-1 平面排架

按平面排架分析,该房屋水平荷载(风荷载)的传递路线如下:

$$水平荷载 \rightarrow 纵墙 \rightarrow 基础 \rightarrow 地基$$

按空间受力分析,该房屋在水平荷载作用下,可将屋盖视为一个在水平方向受弯的梁板体系,屋盖的两端支承于山墙上,而山墙为竖立的悬臂构件。此时水平荷载(风荷载)的传递路线有较大的变化:

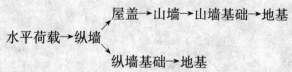

如何考虑房屋的空间工作,关键在于确定水平荷载沿纵向和沿层高方向的传递范围及其分布规律。在设计计算上可以墙柱的内力,或墙柱顶部的水平位移,或山墙顶部的水平

位移来衡量房屋的空间刚度。在这些计算方法中，需要确定屋盖（楼盖）的变形规律。为此，须采取各种假定，如：

（1）直线变形假定。房屋在水平荷载作用下，屋盖的位移按线性分布。这种假定在计算上简单，但对于有山墙的混合结构房屋，显然不适用。

（2）弯曲变形假定。房屋在水平荷载作用下，屋盖的位移符合弯曲变形规律，但它与混合结构房屋的实测结果不相符。

（3）剪切变形假定。房屋在水平荷载作用下，屋盖的位移符合剪切变形规律。对于混合结构房屋，该假定符合实测结果，并在"规范"中得到应用。

（4）弯、剪、扭复合变形假定。房屋在水平荷载作用下，屋盖的变形为包括弯曲、剪切和扭转的复合变形。它考虑的因素较多，分析比较复杂。

10.2 怎样分析单层房屋的空间工作性能？

20世纪70年代以来，我国对混合结构房屋的空间工作性能进行了较系统的实测和研究。无论在广度还是深度上，均有较大突破，取得了显著成绩。

图10-2中列举了3幢砖木结构单层单跨厂房的实测结果（其中2幢只绘有左半部的实测结果）。它们均为木屋盖，在木屋架上密铺望板和平瓦。实测时，由于对整幢房屋施加水平荷载比较困难，故通常仅对房屋中部的排架（其位移最大）加载。为了反映均布水平荷载的影响，采用位移叠加原理对实测数据进行整理。此外，为了较全面地了解房屋空间作用的形成，分别对墙柱砌至檐口，安装屋架、檩条、屋面板及铺瓦等各个施工阶段分别进行位移的测定。如图10-2所示厂房，在安装屋架，即形成横向排架时，在柱顶施加水平力，测得该柱顶的水平位移，可求得平面排架时的位移 u_p。在安装屋盖，即整幢房屋形成空间体系时，在中央排架柱顶施加水平力，测得房屋各柱顶的水平位移，可求得房

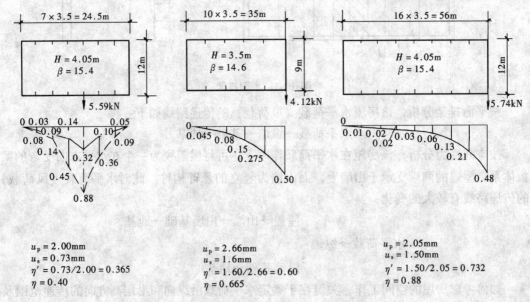

图10-2 实测的房屋柱顶水平位移曲线

屋在空间作用下柱顶的水平位移 u_s。

房屋在空间作用下柱顶的水平位移小于平面排架时柱顶的水平位移，且房屋空间刚度愈大时，u_s 愈小。令 $\eta = u_s/u_p$，称为房屋的空间性能影响系数，又可称为房屋考虑空间工作后的侧移折减系数。当 η 值愈小，表示整体房屋的位移远小于平面排架的位移，房屋的空间性能好；反之，η 值愈大，则表示整体房屋的位移与平面排架的位移愈接近，房屋的空间性能则很差。图 10-2 中 η' 为实测的空间性能影响系数。从以上分析可见，用房屋在空间作用下柱顶水平位移的大小来衡量房屋的空间刚度，不但合理而且简便。

影响 η 的因素很多，如屋盖（或楼盖）的类型、横墙的间距、房屋的跨度、排架刚度和纵墙刚度等。从理论上分析，房屋跨度愈大，屋盖（楼盖）在水平方向的刚度也大，在同等条件下其 η 值越小。但试验研究表明，房屋跨度的影响不显著，且对混合结构房屋，其跨度一般均不大，因而可略去其影响。按理排架刚度对 η 有较大影响，排架刚度大，房屋的空间刚度差，但实测表明，其影响不显著。但纵墙对房屋空间工作的影响，在实测中则表现得十分明显。它不仅使排架刚度增大，而且大大提高了屋盖系统的综合剪切刚度。在分析中，一般以弹性特征值 k 来综合考虑排架刚度、纵墙以及屋盖系统的综合剪切刚度等因素的影响。

由于房屋的水平位移符合剪切梁的变形假定，可将屋盖系统视为水平放置的深梁，各横向排架为该深梁的弹性支承，它在水平荷载作用下的变形主要是剪切变形。因此，可将单层房屋在水平荷载作用下的受力，比拟为弹性地基上的剪切梁（图 10-3），从而导出 η 的计算公式。该梁的弹性曲线的微分方程为

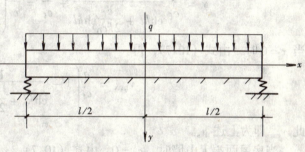

图 10-3 弹性地基剪切梁

$$GA \frac{d^2 y}{dx^2} = c_f y - q \tag{10-1}$$

式中 　GA——屋盖系统的综合剪切刚度；
　　　c_f——地基刚度系数，$c_f = c/d$；
　　　c——排架平均刚度系数；
　　　d——排架间距；
　　　q——沿屋盖系统作用的均布荷载。

令 $c_f/GA = 4k^2$，代入式（10-1）得

$$\frac{d^2 y}{dx^2} - 4k^2 y = -\frac{q}{c_f} 4k^2 \tag{10-2}$$

式（10-2）的解为

$$y = A_0 \text{ch} 2kx + B_0 \text{sh} 2kx + \frac{q}{c_f} \tag{10-3}$$

截面的剪力为

$$\frac{c_f}{4k^2} \frac{dy}{dx} = \frac{c_f}{2k} (A_0 \text{sh} 2kx + B_0 \text{ch} 2kx) \tag{10-4}$$

当房屋两端有山墙，由边界条件 $x=0$ 时，$\dfrac{dy}{dx}=0$，得 $B_0=0$；$x=l/2$ 时，得

$$\frac{c_f}{4k^2}\frac{dy}{dx} = -c_0 y \tag{10-5}$$

式中 c_0 为山墙的折算刚度系数。

将式（10-3）和式（10-4）代入式（10-5），

$$\frac{c_f}{4k^2}\frac{dy}{dx} = \frac{c_f}{2k}A_0\mathrm{sh}kl = -c_0\left(A_0\mathrm{ch}kl + \frac{q}{c_f}\right)$$

即

$$A_0\left(c_0\mathrm{ch}kl + \frac{c_f}{2k}\mathrm{sh}kl\right) = -\frac{c_0 q}{c_f}$$

得

$$A_0 = -\frac{q}{c_f}\cdot\frac{c_0}{c_0\mathrm{ch}kl + \dfrac{c_f}{2k}\mathrm{sh}kl} = -\frac{q}{c_f}\cdot\frac{1}{\mathrm{ch}kl + \dfrac{c_f}{2kc_0}\mathrm{sh}kl} \tag{10-6}$$

将式（10-6）代入式（10-3），得

$$y = \frac{q}{c_f}\cdot\frac{\mathrm{ch}2kx}{\mathrm{ch}kl + \dfrac{c_f}{2kc_0}\mathrm{sh}kl} + \frac{q}{c_f} = \frac{q}{c_f}\left(1 - \frac{\mathrm{ch}2kx}{\mathrm{ch}kl + \dfrac{c_f}{2kc_0}\mathrm{sh}kl}\right) \tag{10-7}$$

当 $x=0$ 时，由式（10-7），得

$$y_{\max} = \frac{q}{c_f}\left(1 - \frac{1}{\mathrm{ch}kl + \dfrac{c_f}{2kc_0}\mathrm{sh}kl}\right) \tag{10-8}$$

此 $y_{\max}$ 即为上述 u_s。

当房屋两端无山墙时，$c_0=0$，由式（10-7），$y=q/c_f$，此 y 即为上述 u_p。

由此得

$$\eta = \frac{u_s}{u_p} = 1 - \frac{1}{\mathrm{ch}kl + \dfrac{c_f}{2kc_0}\mathrm{sh}kl} \tag{10-9}$$

当山墙刚度很大时，可认为 $C_0=\infty$，由式（10-9）得

$$\eta = \frac{u_s}{u_p} = 1 - \frac{1}{\mathrm{ch}kl} \tag{10-10}$$

上面已指出，从理论上确定屋盖系统的弹性特征 k 是比较困难的。为此可根据有限的实测结果，由实测的 u_s 和 u_p 算得各 η 值，再经统计分析求出 k 的平均值（k_m）和均方差（σ_k）。最后，可偏安全地取 $k=k_m+2\sigma_k$，即当屋盖或楼盖类别为 1 类时，$k=0.03$；2 类时，$k=0.05$；3 类时，$k=0.065$。

在具体应用时，一般只需按屋盖或楼盖的类别和横墙间距，查"规范"表 4.2.4 即可得 η 值。

10.3 怎样分析多层房屋的空间工作性能？

对于多层房屋，如在某一楼层或屋盖处施加水平集中力，不但房屋纵向各开间产生位

移，各楼层也将产生位移。实测时当在下层加载，下层的位移较上层的位移大。这些现象说明，多层房屋与单层房屋的空间工作性能是有区别的。单层房屋中，只有纵向各开间之间有相互联系的空间作用。而在多层房屋中，则不仅沿房屋纵向开间有相互联系的空间作

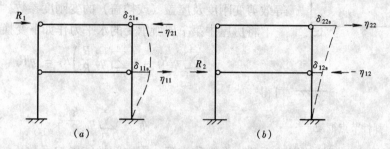

图 10-4 两层房屋的空间受力

用，且存在各层之间相互联系的空间作用。因此多层房屋的空间性能影响系数 η_i，不能简单地以空间位移 u_s 与平面位移 u_p 之比来表示和确定。

图 10-4 示某两层房屋，当房屋空间体系受 $R_1 = 1$ 作用时，计算平面单元承受的荷载如图 10-4a 所示，其底层位移为 δ_{11s}，上层位移为 δ_{21s}。当房屋空间体系受 $R_2 = 1$ 作用时，计算平面单元承受的荷载如图 10-4b 所示，其上层位移为 δ_{22s}，底层位移为 δ_{12s}。在 $R_1 = R_2 = 1$ 同时作用时，按结构力学方法可得

$$\left.\begin{array}{l}\eta_{11} = \gamma_{11p}\delta_{11s} + \gamma_{12p}\delta_{21s} \\ \eta_{21} = \gamma_{21p}\delta_{11s} + \gamma_{22p}\delta_{21s} \\ \eta_{22} = \gamma_{21p}\delta_{12s} + \gamma_{22p}\delta_{22s} \\ \eta_{12} = \gamma_{11p}\delta_{12s} + \gamma_{12p}\delta_{22s}\end{array}\right\} \quad (10-11)$$

式中 γ_{11p}、$\gamma_{12p} = \gamma_{21p}$ 和 γ_{22p} 为计算平面单元体系的反力系数。

对于 n 层房屋，有 n^2 个空间性能影响系数

$$\eta_{ij} = \sum_k \gamma_{ikp}\delta_{kis} = [\gamma_{ip}]\{\delta_i\} \quad (10-12)$$

式中 $[\gamma_{ip}]$ 为平面单元体系反力系数行矩阵，$\{\delta_i\}$ 为空间体系位移系数列向量。式 (10-12) 表明，共有 n 个主空间性能影响系数 η_{ii} 和 $n(n-1)$ 个副空间性能影响系数 η_{ij}。即

$$\eta_{ii} = \sum_{j=1}^n \gamma_{ijp}\delta_{ijs} \quad (i = 1, 2, \cdots, n)$$

$$\eta_{ij} = -\sum_{k=1}^n \gamma_{ikp}\delta_{kis} \quad (i, j = 1, 2, \cdots, n, i \neq j)$$

试验结果也证实这些空间性能影响系数的客观存在。但一般说来，由层间相互作用而产生的副空间工作系数对多层房屋的受力性能是有利的。此外，隔层相互作用而产生的副空间工作系数较小，在分析时可予忽略。

为了求得空间位移，并计算各主、副空间性能影响系数，可将多层房屋分解为横向平面体系和屋盖（或楼盖）纵向联系体系。由于横向平面体系的实际工作状态与铰接平面排架体系的工作状态有较大差异（非铰接性影响的结果），应以具有抗转动刚度的弹性节点

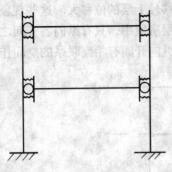

图 10-5 弹性节点框架

的框架作为横向平面体系的计算模型（图10-5）。对于纵向联系体系，则应以等效变刚度剪切梁作为计算模型。由实测结果可确定弹性节点的抗转动刚度，根据实测位移可反算出等效剪变刚度及屋盖（或楼盖）的变刚度参数。

将房屋中第 i 层所承受的水平力作如下变换

$$\sum_{j=1}^{n} \eta_{ij} R_j = \left(\sum_{j=1}^{n} \eta_{ij} \frac{R_j}{R_i} \right) R_i = \eta_i R_i$$

可得

$$\eta_i = \sum_{j=1}^{n} \eta_{ij} \frac{R_j}{R_i} \tag{10-13}$$

η_i 称为第 i 层综合空间性能影响系数，常简称为第 i 层空间性能影响系数。按式（10-13）计算的 η_i 值较相应单层房屋 η 值的取值小，但为偏于安全和便于应用，对多层房屋也采取与单层房屋相同的空间性能影响系数。

10.4 划分混合结构房屋静力计算方案的依据是什么？

制订静力计算方案的目的在于确定混合结构房屋中墙、柱的计算简图，亦即确定墙、柱承重构件的支承条件、计算长度和作用的荷载。为此，关键在于如何考虑荷载作用下房屋的侧移。上面已指出，影响房屋空间工作的因素很多，但经过分析，屋盖或楼盖的类别、横墙的最大间距和房屋高度的影响最为显著。按照"规范"，当 η_i 小于 0.33~0.37 时，称为刚性方案；当 η_i 大于 0.77~0.81 时，称为弹性方案；η_i 介于上述二者之间者，称为刚弹性方案。对于弹性方案房屋，上述 η_i 取值是偏于安全的。对于刚性方案房屋，在确定 η_i 取值的界限时，一方面基于此时刚性和刚弹性方案在承载力上的差别不大；另一方面也是在确保安全的前提下，适当考虑了以往的工程经验的结果。

刚性方案是指在荷载作用下，房屋的水平位移很小，可以忽略不计，墙（柱）的内力按屋架、大梁与墙（柱）为不动铰支承的竖向构件计算。弹性方案是指在荷载作用下，房屋的水平位移较大，不能忽略不计，墙（柱）的内力按屋架、大梁与墙（柱）为铰接的不考虑空间工作的平面排架或框架计算。介于上述二者之间的刚弹性方案，按屋架、大梁与墙（柱）为铰接的考虑空间工作的平面排架或框架计算。对于某一具体的房屋，由屋盖或楼盖的类别，按"规范"表 4.2.1 确定房屋的静力计算方案，如为刚弹性方案，再按"规范"表 4.2.4 取用 η_i 值。在这些表中未直接反映房屋高度的影响，原因在于表中所取 η_i 值趋于房屋高度影响的上限值，且较实测值大，偏于安全。

11 横墙的最大水平位移

横墙的刚度对混合结构房屋的空间作用有着重要的影响。通常对横墙规定一些基本要求，使它在刚性和刚弹性方案房屋中能起横向稳定结构的作用。如不符合规定要求时，需对横墙的刚度进行验算。验算的方法是控制横墙顶部的水平位移。设计中，一定要将屋盖、楼盖类别，横墙的最大间距和横墙的刚度三者同时考虑，这样才能正确确定房屋的静力计算方案。

11.1 刚性和刚弹性方案房屋中的横墙要满足哪些要求？

在混合结构房屋的空间作用中，横墙是屋盖结构的弹性支承。因而对于刚性和刚弹性方案房屋，横墙的刚度是十分重要的影响因素。因此其横墙须满足如下要求：

(1) 横墙中开有洞口时，洞口的水平截面积不应超过横墙截面面积的50%。
(2) 横墙的厚度不宜小于180mm。
(3) 单层房屋的横墙长度不宜小于其高度，多层房屋的横墙长度不宜小于$H/2$（H为横墙总高度）。

一般房屋中的横墙能够满足上述规定，起着横向稳定结构的作用。此外，它们也可以由横墙的最大水平位移来衡量。分析表明，当排架或多层框架顶产生$H/4000$的水平位移时，在底部产生的弯矩与水平荷载作用下无侧移排架或框架的底部弯矩之比不超过1%~2%。满足此三项要求的横墙，其最大水平位移$u_{max} \leqslant H/4000$。需要注意的是在实际工程中，有的房屋的横墙不能同时满足上述三项要求，如单边外廊式多层民用房屋，其跨度较小，横墙长度往往小于$H/2$等，则应对横墙的刚度进行验算。

11.2 采用什么公式计算横墙的水平位移？

确定横墙的水平位移时，可将其视作竖向悬臂梁，将其弯曲变形和剪切变形叠加即得。横墙计算简图如图11-1所示，在水平集中力F作用下，墙顶最大水平位移，按下式计算：

$$u_{max} = u_b + u_v = \frac{FH^3}{3EI} + \frac{FH}{\xi GA} \tag{11-1}$$

式中　F——作用于横墙顶端的水平集中力；
　　　H——横墙高度；
　　　E——砌体的弹性模量；
　　　I——横墙惯性矩；

ξ——考虑墙体剪应力分布不均匀和墙体洞口影响的折减系数;
G——砌体的剪变模量,$G=0.4E$;
A——横墙截面面积。

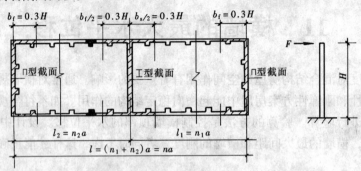

图 11-1 横墙的计算简图

横墙的惯性矩 I 按 I 字形截面或槽型截面计算,其翼缘长度为 b_f,每边取 $0.3H$(图 11-1)。当横墙洞口的水平截面面积不大于横墙截面面积的 75% 时,A 和 I 可近似地以毛截面进行计算。此时的惯性矩较按毛截面计算的减小幅度一般在 20% 以内,它对弯曲变形的影响可予忽略。但截面面积取值的减小对剪切变形的影响则较大,可在 ξ 中与剪应力分布不均匀系数一并考虑,取 $\xi=0.5$。如横墙洞口较大,其 A 和 I 则应按实际截面进行计算。

将上述 ξ 和 G 值代入式(11-1)得

$$u_{max} = \frac{FH^3}{3EI} + \frac{5FH}{EA} \tag{11-2}$$

式中 F 的取值与房屋的静力计算方案有关,对于刚性方案房屋,

$$F = \frac{n}{2}F_1 = \frac{n}{2}(W+R) \tag{11-3}$$

式中 n——与该横墙相邻的两横墙间的开间数;
F_1——W 与 R 之和;
W——每开间中作用于屋架下弦的水平集中风荷载;
R——假定排架无侧移时每开间柱顶的反力。

对于刚弹性方案房屋,F 随其空间工作的程度而变化。当房屋的空间性能影响系数为 η 时,作用于柱顶的水平力为 ηF_1,横墙承担的水平力为 $(1-\eta)F_1$。

如图 11-1 所示有中间横墙时,F 可近似地按下式计算

$$F = \frac{nF_1}{2} - \frac{1}{6}n\eta F_1 \tag{11-4}$$

图 11-1 若无中间横墙时,则对于每端横墙,F 可近似地按下式计算

$$F = nF_1 - \frac{1}{3}n\eta F_1 \tag{11-5}$$

12 墙、柱计算高度

墙、柱计算高度是结构计算中的一个重要数据，必需按其实际高度和支承条件等情况正确决定。对于砌体结构，确定受压构件的计算高度比较繁杂，因而应着重了解它与钢筋混凝土受压构件在计算高度取值上的不同，其主要区别在于砌体受压构件的计算高度还与房屋的静力计算方案有关。此外还增加了带壁柱墙或周边拉结墙的计算高度的规定。

12.1 如何确定墙、柱高度（构件高度）？

工程结构中，墙、柱的高度有实际高度和计算高度之分，它们往往是不相等的。以单层厂房柱为例，自基础顶面至屋架支承处的高度称为柱的实际高度，"规范"中称为"构件高度 H"，但其计算高度 H_0 则随柱上、下端的支承条不同而不同。

对于多层房屋中的墙、柱，原《砌体结构设计规范》（GBJ 3—88）规定，该构件的高度 H "在房屋底层，为楼板到构件下端支点的距离"，"在房屋其他层次，为楼板或其他水平支点间的距离"。但工程设计计算上是算至楼板顶或楼板底，或楼面梁底？易引起争议。由于墙、柱的计算简图在楼、屋面处取为一个点，该点代表了从板顶至板底或者是板顶至梁底的范围。计算上除底层外的各层墙、柱高度通常均取层高，从竖向荷载的传递来看，楼板顶截面以上作用上层传来的荷载，自楼板顶截面开始则受本层传来的荷载作用，因而这里所指层高可视为是自板顶到板顶的距离。对于底层墙，增高自下端支点（如基础顶面）算至第一层楼板顶亦是合适的，既未减小墙、柱的实际高度，也使其受压承载力偏于安全（较比取至板底或梁底的高度要大些）。为此新"规范"中对构件高度 H 作了下列规定：

（1）在房屋底层，为楼板顶面到构件下端支点的距离。下端支点的位置，可取在基础顶面，当埋置较深且有刚性地坪时，可取室外地面下 500mm 处。

（2）在房屋其他层次，为楼板或其他水平支点间的距离。

（3）对于无壁柱的山墙，可取层高加山墙尖高度的 1/2；对于带壁柱的山墙可取壁柱处的山墙高度。

12.2 对墙、柱计算高度的基本规定是什么？

工程结构中，墙、柱的计算高度不但受其上、下端的支承条件控制，还与墙两侧的支承条件有关。对墙、柱进行承载力的计算或验算高厚比时，均需采用计算高度。

在材料力学中，根据临界荷载与支承条件推导柱的计算高度，已有详细论述。但对于混合结构中的墙、柱，其支承条件等均比较复杂，因此，在弹性稳定理论的基础上还需结合砌体结构的特点，尤其是须根据三种不同的静力计算方案来确定墙、柱的计算高度。其基本规定列于表12-1。对于变截面柱的计算高度，其确定方法见第12.5节所述。

受压构件的计算高度 H_0　　　　　　　　　　　　　　表 12-1

房屋类别			柱		带壁柱墙或周边拉接的墙		
			排架方向	垂直排架方向	$s>2H$	$2H \geqslant s>H$	$s \leqslant H$
有吊车的单层房屋	变截面柱上段	弹性方案	$2.5H_u$	$1.25H_u$	$2.5H_u$		
		刚性、刚弹性方案	$2.0H_u$	$1.25H_u$	$2.0H_u$		
	变截面柱下段		$1.0H_1$	$0.8H_1$	$1.0H_1$		
无吊车的单层和多层房屋	单跨	弹性方案	$1.5H$	$1.0H$	$1.5H$		
		刚弹性方案	$1.2H$	$1.0H$	$1.2H$		
	多跨	弹性方案	$1.25H$	$1.0H$	$1.25H$		
		刚弹性方案	$1.1H$	$1.0H$	$1.1H$		
	刚性方案		$1.0H$	$1.0H$	$1.0H$	$0.4s+0.2H$	$0.6s$

注：1. H 为构件高度；s 为相邻横墙间的墙长。
　　2. H_u 为变截面柱的上段高度；H_1 为变截面柱的下段高度。
　　3. 对于上端为自由端的构件，$H_0=2H$。
　　4. 独立砖柱，当无柱间支撑时，柱在垂直排架方向的 H_0 应按表中数值增大15%。
　　5. 自承重墙的计算高度应根据周边支承或拉接条件确定。

12.3　刚性方案房屋中带壁柱墙或周边拉结墙的计算高度是怎样确定的？

对于高为 H，宽为 s 的不动铰支承构件，相当于四边简支的薄板，按弹性稳定理论，如 $s>H$，则：

$$H_0 = \frac{H}{1+(H/s)^2} \tag{12-1}$$

故当 $s/H=2.0$ 时，$H_0=0.8H$；当 $s/H>3.0$ 时，$H_0>0.9H$。按弹性稳定理论，如 $s<H$，$H_0=0.5s$。为了偏于安全，对于刚性方案房屋中带壁柱墙或周边拉结墙的计算高度规定如下：当 $s \leqslant H$ 时，取 $H_0=0.6s$；当 $s>2H$ 时，取 $H_0=1.0H$；当 $2H \geqslant s>H$ 时，为了与上述取值衔接，取 $H_0=0.4s+0.2H$（如 $H=s$，得 $H_0=0.6s$；如 $s=2H$，得 $H_0=1.0H$）。这便是表12-1中相应于此类墙体计算高度的数值。

12.4　单层刚性或刚弹性方案房屋中墙、柱的计算高度是怎样确定的？

为了研究图12-1（a）所示单跨排架的稳定问题，可以柱 AC 进行分析。设 AC 柱顶为弹性支承（图12-1b），以考虑柱 BD 和横梁 CD 的作用。柱的变形如图12-1（c）所示。x 截面的弯矩为

$$M = Py - Rx = Py - cux \tag{12-2}$$

式中　R——弹簧反力；
　　　c——弹簧刚度系数；
　　　u——水平位移。

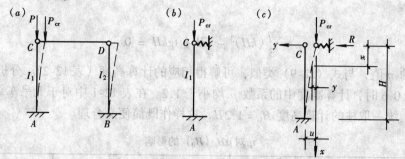

图 12-1　排架柱的稳定分析

由平衡微分方程 $EI_1 y'' = -(Py - cux)$ 得

$$y'' + k^2 y = \frac{cu}{EI_1} x \tag{12-3}$$

式中　$k = \sqrt{P/EI_1}$。式（12-3）的解为

$$y = A\cos kx + B\sin kx + \frac{cu}{P} x \tag{12-4}$$

由边界条件：当 $x = 0$ 时，$y = 0$；当 $x = H$ 时，$y = u$，$y' = 0$，可得 A、B 和 u 的系数行列式。它的有解条件为系数矩阵等于零，即稳定特征方程为：

$$D = \begin{vmatrix} 1 & 0 & 0 \\ \cos kH & \sin kH & \dfrac{1}{P} - \dfrac{1}{c} \\ -k\sin kH & k\cos kH & \dfrac{1}{P} \end{vmatrix} = 0 \tag{12-5}$$

展开上式，并以 $P = k^2 EI_1$ 代入，得

$$\operatorname{tg} kH = kH - \frac{(kH)^3 EI_1}{cH^3} \tag{12-6}$$

现忽略横梁轴向变形的影响，则刚度系数 c 即为柱 BD 的刚度，

$$c = \frac{3EI_2}{H^3} \tag{12-7a}$$

如 $I_1 = I_2 = I$，由上述公式得

$$\frac{1}{3}(kH)^3 - kH + \operatorname{tg} kH = 0 \tag{12-8a}$$

从而解得 $kH = 2.21$。排架失稳时，柱的临界荷载为

$$P_{cr} = 4.88 \frac{EI}{H^3} \approx \frac{\pi^2 EI}{(1.42H)^2} \tag{12-9}$$

由此可见，表 12-1 中对无吊车单跨弹性方案房屋，取柱的计算高度 $H_0 = 1.5H$ 是与上述分析结果相近且偏于安全的。

如房屋属刚弹性方案，则在式（12-7a）中应考虑空间性能影响系数，即

$$c = \frac{3EI}{\eta H^3} \tag{12-7b}$$

同理得

$$\frac{\eta}{3}(kH)^3 - kH + \text{tg}kH = 0 \tag{12-8b}$$

对于不同的 η 值，与式（12-9）类似，可解得相应的计算高度（表12-2）。分析表12-2可知，当 $\eta < 0.6$ 时，计算高度中的系数 μ 均小于1.2。在表12-1中对于无吊车单跨刚弹性方案房屋，统一取柱的计算高度 $H_0 = 1.2H$，这样作既简便又合理。

η 对 μH（H_0）的影响　　　　　　　　　　　　　　表 12-2

η	0	0.3	0.4	0.5	0.6	0.7	0.8	1.0
kH	4.48	3.14	2.88	2.67	2.58	2.41	2.35	2.21
H_0	0.7H	1.0H	1.09H	1.17H	1.21H	1.3H	1.33H	1.42H

12.5　变截面柱的计算高度是怎样确定的？

表12-1中规定的变截面柱的计算高度，对于无吊车的房屋，或有吊车的房屋当不考虑吊车作用时，变截面柱上段的计算高度可直接从表中查得。但对于其变截面柱下段的计算高度，应注意下述几点规定。

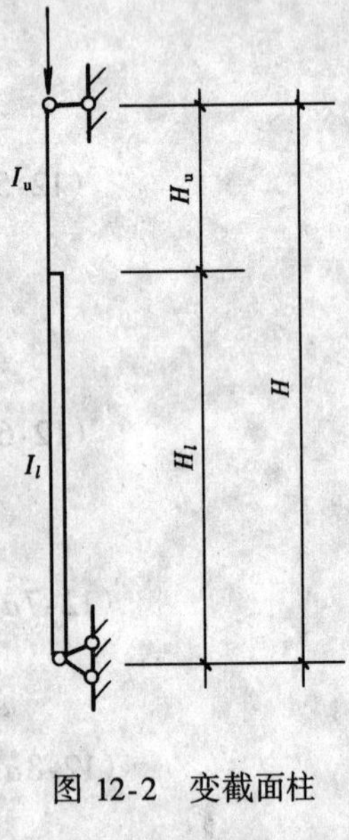

图12-2所示两端为铰支的变截面柱，设纵向弯曲后的变形曲线为

$$y = A\sin\frac{\pi x}{H} \tag{12-10}$$

则

$$y' = A\frac{\pi}{H}\cos\frac{\pi x}{H}$$

$$y'' = A\left(\frac{\pi}{H}\right)^2\sin\frac{\pi x}{H}$$

按能量法，内力的功为

$$\Delta U = \int_0^{H_l}\frac{M^2\text{d}x}{2EI_l} + \int_{H_l}^{H_u}\frac{M^2\text{d}x}{EI_u} \tag{12-11}$$

外力的功为

$$\Delta T = \frac{P}{2}\int_0^H y'^2\text{d}x \tag{12-12}$$

图 12-2　变截面柱

令 $\Delta U = \Delta T$，可解得临界荷载

$$P_{\text{cr}} = \frac{\pi^2 EI_l}{(\mu H)^2} \tag{12-13}$$

$$\mu = \sqrt{\dfrac{1}{\dfrac{H_l}{H} + \dfrac{I_u}{I_l}\dfrac{H_u}{H} - \dfrac{1}{2\pi}\left(1 - \dfrac{I_u}{I_l}\right)\sin\dfrac{2\pi H_l}{H}}} \tag{12-14}$$

按式（12-14）取不同的 H_l/H 和 I_u/I_l 值，即可求得确定计算高度的修正系数 μ（表 12-3）。对该表进行分析，可得如下结论：

修正系数 μ　　　　　表 12-3

I_u/I_l	H_u/H					
	1/4	1/3	1/2	2/3	3/4	$1/\mu_2$
0.1	1.04	1.08	1.35	1.74	2.35	1.59
0.2	1.03	1.06	1.29	1.58	1.93	1.47
0.3	1.03	1.05	1.24	1.45	1.65	1.39
0.4	1.03	1.04	1.20	1.34	1.48	1.32
0.5	1.02	1.03	1.16	1.26	1.35	1.25
0.6	1.02	1.02	1.12	1.19	1.26	1.19
0.7	1.00	1.00	1.08	1.15	1.17	1.14
0.8	1.00	1.00	1.05	1.08	1.11	1.09

（1）当 $H_u/H < 1/3$ 时，因 μ 值接近于 1，可不考虑变截面的影响，其计算高度取无吊车房屋的 H_0。

（2）当 $1/3 < H_u/H < 1/2$ 时，为简化计算，μ 值可近似地按下式确定，

$$\mu = 1.3 - 0.3 I_u/I_0$$

其计算高度取无吊车房屋的 H_0 乘以 μ。

（3）当 $H_u/H > 1/2$ 时，计算高度取无吊车房屋的 H_0，但在确定高厚比时采用上柱截面是偏于安全的。

上面已指出，对于无吊车房屋的变截面柱，其计算高度也按这些规定采用。

13 墙、柱高厚比

墙、柱高厚比的验算是砌体结构中一项特有的计算，其原因在于它是保证墙、柱在使用阶段和施工阶段的稳定性必须采取的一项构造措施。

学习中不仅要掌握一般等截面墙、柱高厚比的验算方法，还应熟悉带壁柱墙高厚比的验算方法。在整幢房屋中，应从影响高厚比的诸种因素出发，选定最不利的部位进行墙、柱高厚比的验算。

13.1 为什么要验算墙、柱高厚比？

砌体结构及其构件必须满足承载力计算的要求，但对于墙、柱尚应符合高厚比的要求。

墙、柱的允许高厚比 [β] 值

表 13-1

砂浆强度等级	墙	柱
M2.5	22	15
M5	24	16
≥M7.5	26	17

注：1. 毛石墙、柱允许高厚比应按表中数值降低 20%。
2. 组合砖砌体构件的允许高厚比，可按表中数值提高 20%，但不得大于 28。
3. 验算施工阶段砂浆尚未硬化的新砌砌体高厚比时，允许高厚比对墙取 14，对柱取 11。

用一个简单的比喻，将一块块的砖从地面往上叠砌，当砌到一定高度时，即使不受外力作用这样的砖墩也将倾倒。若砖墩的截面尺寸加大，则其不致倾倒的高度显然也要加大。如砖墩上下或四周边的支承情况不同，则其不致倾倒的高度也将不同。在砌体结构设计中，将墙、柱计算高度 H_0 与墙厚或矩形柱的较小边长 h 的比值 β，称为墙、柱的高厚比。当墙、柱的高厚比太大时，其稳定性就很差。这样往往会因砌筑中墙柱的歪斜或偶然的撞击、振动等因素的影响，产生不应有的危险事故。因此，在设计中须对墙、柱的高厚比规定一定的限值，即应满足允许高厚比 [β] 的要求。墙、柱的允许高厚比值，与其承载力计算无关，而是从构造要求规定的，它是保证砌体结构稳定性以满足正常使用极限状态要求的重要构造措施之一。由于目前尚不能从理论上推导出确定 [β] 的公式，因此它主要是在总结生产实践经验的基础上，通过分析研究加以综合考虑拟定的。[β] 的取值列于表 13-1。

13.2 墙、柱允许高厚比要作哪些修正？

一、有门、窗洞口的墙

对于有门、窗洞口的墙，可视为变截面的柱（图 13-1）。根据弹性稳定理论，该变截面柱计算高度的修正系数亦可按式（12-14）确定。但此时 H_u 为窗（门）高，I_u 为净截面惯性矩，I_l 为毛截面惯性矩。按照表 12-3，随着 I_u/I_l 的减小，即随着门窗洞口宽度的增大，μ 值将逐渐增大，表明临界荷载将减小。为此在设计中要用增大计算高度反映。实用时采取将墙、柱允许高厚比减小，其道理是一样的。按后者，取有门窗洞口墙允许高厚比的修正系数为：

$$\mu_2 = 1 - 0.4 \frac{b_s}{s} \tag{13-1}$$

式中　b_s——在宽度 s 范围内的门窗洞口宽度；
　　　s——相邻窗间墙或壁柱之间的距离。

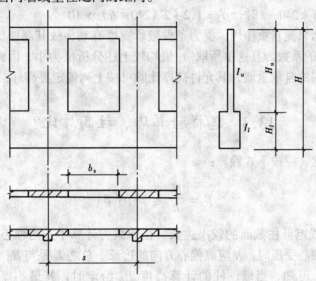

图 13-1　有门、窗洞口的墙

按式（13-1）计算的 $1/\mu_2$ 列于表 12-3，它相当于该表中的 μ 值，并与 $H_u/H = 2/3$ 时的 μ 值接近。对于设有一般门窗洞口的墙，μ_2 的取值偏于安全。按表 13-1，柱与墙的允许高厚比之间的比值近似地等于 0.7，也就是说在墙上开门窗洞口时，其极限情况为柱，因此限定 μ_2 的最小值为 0.7。即按式（13-1）计算的 μ_2 值小于 0.7 时，应采用 0.7。此外，由表 12-3 可知，当 $H_u/H = 1/4$ 时的 μ 值接近于 1.0，故当洞口高度等于或小于墙高的 1/5 时，可取 $\mu_2 = 1.0$。

二、自承重墙

根据弹性稳定理论，仅受自重作用的铰支构件，其临界荷载为

$$P_{cr} = \eta_{st} \frac{EI}{H^2} \tag{13-2}$$

η_{st} 为考虑稳定的系数，对于铰支构件 $\eta_{st} = 20$；对于悬臂构件 $\eta_{st} = 7.8$。但如顶端作用集中荷载，相应支承条件下的 η_{st} 为 9.87 和 2.46。可见承受自重的构件的允许高厚比，较顶端作用集中荷载的相同构件的允许高厚比要大。上述 η_{st} 的比值分别为 2.03 和 3.17。

假设承受自重的构件的临界荷载 $P_{c\gamma} = G = \gamma bhH$，此处 γ 为重力密度，bh 为截面尺寸。由式（13-2），得

$$\gamma bhH = \frac{\eta_{st} Eb h^3}{12 H^2}$$

令 $C = \dfrac{\eta_{st}E}{12\gamma}$，得 $\beta = \sqrt[3]{C/h}$。可见对于自承重墙，其高厚比不但与砌体材料、支承条件有关，还与墙厚 h 有关。若以 240mm 厚墙为比较标准，则墙厚为 120 和 90mm 时，允许高厚比的提高值分别为 $\sqrt[3]{240/120} = 1.26$ 和 $\sqrt[3]{240/90} = 1.39$。基于上述分析结果，墙厚 $h \leqslant$ 240mm 的自承重墙的允许高厚比，可乘以下列提高系数 μ 进行修正：

(1) $h = 240$mm 时，$\mu_1 = 1.2$；

(2) $h = 90$mm 时，$\mu_1 = 1.5$；

(3) 90mm $< h <$ 240mm 时，$\mu_1 = 1.2 + 2(240 - h) \times 10^{-3}$。

由于自承重墙只受自重作用，受力条件较承重墙有利，故其高厚比的要求可稍放宽，即 μ_1 均为大于 1 的系数。且这里所取 μ_1 值均较上述分析值为小，因此也是偏于安全的。对于上端为自由端的自承重墙，其允许高厚比除可按上列规定提高外，还可提高 30%。

13.3 怎样验算墙、柱高厚比？

墙、柱高厚比，应按下式验算：

$$\beta = \frac{H_0}{h} \leqslant \mu_1\mu_2[\beta] \tag{13-3}$$

此处 h 应为墙厚或矩形柱截面的较小边长。在承载力计算中，当轴心受压时，h 的定义与此相同；但当偏心受压时，h 应取偏心方向的边长。总之 h 是与 H_0 相对应的边长。

由式 (13-3) 可知，当墙、柱的计算高度 H_0 给定时，其最小厚度为 $h = H_0/\mu_1\mu_2[\beta]$；当墙、柱的厚度给定时，其最大计算高度为 $H_0 = \mu_1\mu_2[\beta]h$。

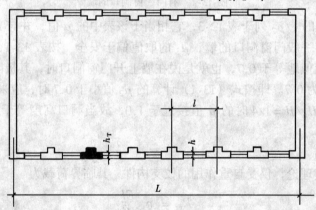

图 13-2 带壁柱的墙

一般单层厂房、食堂及办公、教学楼等多层房屋中，常采用带壁柱墙（图 13-2）。对这种墙，首先要验算两横墙之间整片墙的高厚比。为此，在确定 H_0 时，以横墙作为支承，墙长等于相邻横墙间的距离，即 $s = L$；墙厚取带壁柱墙截面的折算厚度 $h_T = 3.5i$。然后，为了保证壁柱间墙的局部稳定，还应按墙厚 h 验算壁柱间墙的高厚比。此时，以壁柱作为支承，墙长等于壁柱间的距离，即 $s = l$，且一律按刚性方案确定 H_0。

如果与墙连接的相邻两横墙间的距离 $s \leqslant \mu_1\mu_2[\beta]h$ 时，可认为这时墙两边的支承情况很牢靠，因而其高度 H 可不受高厚比的限制而由承载力计算确定。

壁柱间墙的高厚比通过验算如不满足要求时，除须采取其他措施外，还可在墙中设置钢筋混凝土圈梁。根据实践经验，当圈梁满足 $b/l \geqslant 1/30$ 的要求时（b 为圈梁宽度），可将它视作壁柱间墙的不动铰支点，墙的计算高度即可大为减小。但需注意的是该圈梁不能作为墙体承载力计算中的不动铰支点。

13.4 怎样验算带构造柱墙的高厚比？

在第 8.5 节中论述了砖砌体和钢筋混凝土构造柱组合墙中构造柱对承载力的有利影响，分析表明这种带构造柱墙（图 8-5）还能提高墙体的允许高厚比。设带构造柱墙的计算高度为 H_{0c}、截面刚度为 $E_2 I_2$，无构造柱墙的计算高度为 H_0、截面刚度为 $E_1 I_1$，按压杆弹性稳定理论可推得

$$\left(\frac{H_{0c}}{H_0}\right)^2 = \frac{E_2 I_2}{E_1 I_1} = 1 + \frac{b_c}{l}(\alpha - 1) \tag{13-4}$$

令 $\beta_c = \dfrac{H_{0c}}{h}$，$\beta = \dfrac{H_0}{h}$，得带构造柱墙在相等临界荷载作用下允许高厚比的提高系数

$$\mu_c = \frac{\beta_c}{\beta} = \sqrt{1 + \frac{b_c}{l}(\alpha - 1)} \tag{13-5}$$

式中 $\alpha = E_c / E_1$，E_c 为混凝土弹性模量，E_1 为砌体弹性模量。

根据对不同砌体材料、构造柱混凝土的强度等级，以及不同的构造柱沿墙长方向的宽度 b_c 和间距 l 下的计算结果，并经简化，带构造柱墙的允许高厚比提高系数可按下式计算：

$$\mu_c = 1 + \gamma \frac{b_c}{l} \tag{13-6}$$

式中系数 γ，对细料石、半细料石砌体，$\gamma = 0$；对混凝土砌块、粗料石、毛料石及毛石砌体，$\gamma = 1.0$；其他砌体 $\gamma = 1.5$。

按式（13-6）计算时，当 $b_c/l > 0.25$ 取 $b_c/l = 0.25$，当 $b_c/l < 0.05$ 取 $b_c/l = 0$，这与第 8.6 节和第 8.7 节中的有关规定是一致的。

因此，带构造柱墙当构造柱截面宽度不小于墙厚时，仍按式（13-3）验算高厚比。此时式中 h 为墙厚，按相邻横墙间的距离 s 确定墙的计算高度 H_0，且取墙的允许高厚比为 $\mu_c [\beta]$。此外，由于带构造柱墙的施工顺序为先砌墙后浇混凝土构造柱，因而在验算其施工阶段的高厚比时，不考虑构造柱对高厚比的有利作用，而应注意采取措施保证带构造柱墙在施工阶段的稳定性。

14 墙、柱计算截面

在砌体墙、柱的承载力及高厚比验算中，应正确取用其截面面积。由于砌体结构房屋中的墙、柱受到门窗洞口等因素的影响，对计算采用的截面面积作了相应的简化规定。

14.1 为什么墙、柱的计算截面取为等截面？

房屋中如楼板能确保上层荷载均匀地传到下层墙、柱，此时可按相邻壁柱间的距离确定计算截面 A（14-1a）。如墙、柱顶部承受由屋架或大梁传来的集中荷载，墙体的受力范围理论上为上小下大，按虚线分布（图 14-1b），底面受力宽度为 $H/2$（H 为墙高），此时

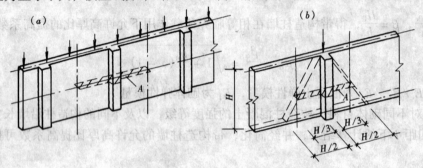

图 14-1 计算截面的确定

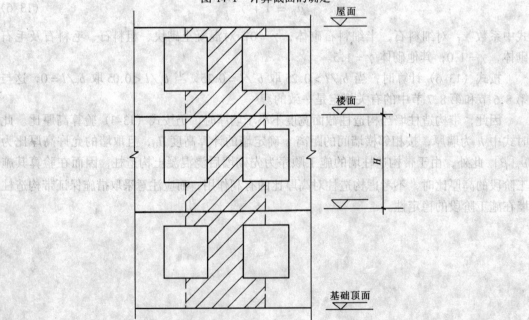

图 14-2 有窗洞的墙

该墙体为变截面构件。为简化计算，可将它取成等截面，计算截面的宽度自柱边算起，每侧取 $H/3$。当相邻壁柱间距离较大，层高较小，且无门窗洞口时，这样作也可避免取相邻壁柱间距离作为计算截面宽度可能偏大的现象。

对于开门窗洞口的墙，如图 14-2 所示有窗洞的多层房屋墙，可按图中斜线所示的变截面确定计算截面，原苏联规范就是这样规定的。为简化计算，也可取等截面，即计算截面取窗间墙截面。

14.2 计算截面的宽度等于多少？

墙、柱截面面积为其厚度与宽度的乘积，其中关键在于正确取用截面的计算宽度。基于第 14.1 节的分析，房屋中墙、柱计算截面的宽度 b_f 应按下列方法确定：

(1) 多层房屋：当有门窗洞口时，取窗间墙的宽度（图 14-3a）；当无门窗洞口时，取相邻壁柱间的距离。

(2) 单层房屋，取壁柱宽加 2/3 墙高，但不大于窗间墙宽度和相邻壁柱间的距离（图 14-3b、c）。

(3) 计算带壁柱墙的条形基础时，取相邻壁柱间的距离（图 14-3）。

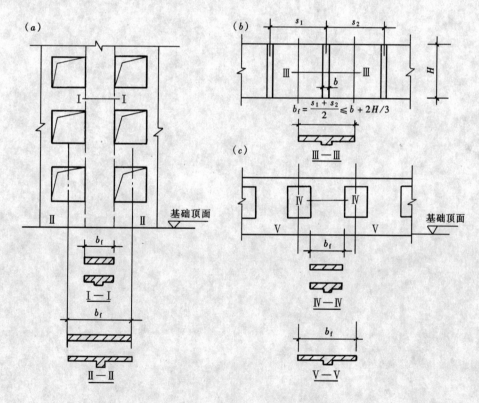

图 14-3 墙、柱计算截面的翼缘宽度

(4) 转角墙段角部受竖向集中力时，计算截面的长度从角点算起，每侧取 $H/3$。当墙体范围内有门窗洞口时，计算截面取至洞边，但不大于 $H/3$（图 14-4）。

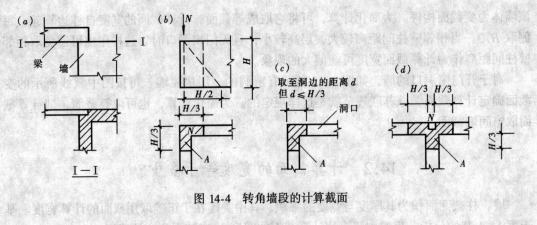

图 14-4 转角墙段的计算截面

15 刚性方案房屋墙、柱静力计算

墙、柱的静力计算是按照规定的计算简图算出墙、柱截面的内力。设计时依据内力分析结果,以控制截面的内力进行承载力计算,并合理选择墙、柱截面尺寸和采用的材料。在混合结构中,刚性方案房屋应用广泛,因此学习的重点为全面了解这种房屋墙、柱的设计内容,应掌握其设计步骤和计算方法。其中尤其重要的是在满足耐久性和高厚比要求的前提下,确定房屋的静力计算方案,并作承载力计算。对于刚性方案房屋墙、柱的计算简图,只要熟悉它的三条基本假定即可获得。

15.1 刚性方案房屋墙、柱静力计算的基本假定是什么?

为了解决刚性方案房屋墙、柱的静力计算,一般采取如下三条基本假定。

(1) 在荷载作用下,单层房屋的墙、柱可视作上端为不动铰支承于屋盖、下端嵌固于基础的竖向构件(图15-1)。

(2) 在竖向荷载作用下,多层房屋的墙、柱在每层高度范围内,可近似地视作两端铰支的竖向构件(图15-2c);在水平荷载作用下,其墙、柱可视作竖向连续梁(图15-2f)。

上述单层或多层房屋的墙、柱与基础的连接方式是一样的,按理对多层房屋的墙、柱与基础顶面亦应取为嵌固端。但由于多层房屋作用于基础顶面处的竖向力较大,而其弯矩相对很小,故由此产生的偏心距很小,墙、柱的承载力由轴向力控制。将此处取为铰接不但对承载力的影响很小,同时也可使计算简化。

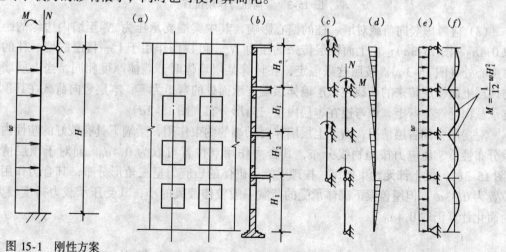

图15-1 刚性方案单层房屋计算简图

图15-2 刚性方案多层房屋计算简图

多层房屋受风荷载作用时,由风荷载设计值 w 产生的弯矩可近似地取为 $M = \dfrac{1}{12}wH_i^2$。

但需注意，在一般情况下，风荷载对刚性方案多层房屋外墙所产生的内力很小，可不予考虑。经计算分析，当其外墙中洞口水平截面积小于全截面面积的 2/3；房屋的层高和总高未超过表 15-1 的规定且屋面自重不小于 $0.8kN/m^2$ 时，在静力计算中可不考虑风荷载的影响。

外墙不考虑风荷载影响时的最大高度 表 15-1

基本风压值 (kN/m²)	层高 (m)	总高 (m)	基本风压值 (kN/m²)	层高 (m)	总高 (m)
0.4	4.0	28	0.6	4.0	18
0.5	4.0	24	0.7	3.5	18

注：对多层砌块房屋的外墙，当墙厚为 190mm，层高不大于 2.8m，总高不大于 19.6m，基本风压不大于 $0.7kN/m^2$ 时可不考虑风荷载的影响。

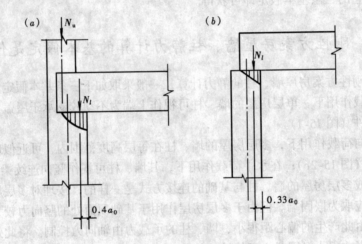

图 15-3 竖向压力作用位置

（3）应考虑竖向荷载对墙、柱的偏心影响，其中梁端支承压力 N_l 至墙内边缘的距离取 $0.4a_0$（图 15-3a）；由上面楼层传来的压力 N_u，可视作作用于上一楼层的墙、柱的截面重心处（图 15-3a）。按照这条假定，在计算某层墙体时，墙体厚度相同，当上层墙体与该层上面楼层传来的荷载在该层墙体顶端支承面处的弯矩为零；本层竖向荷载在其顶端支承截面处产生弯矩，该弯矩在本层内按三角形分布（图 15-2d）。

对房屋中间各层情况，由于上层墙体对梁端的约束作用，梁端下具有较好的塑性内力重分布性质，压应力按抛物线分布，其合力作用点位置可取为 $0.4a_0$。而对于顶层情况（图 15-3b），梁上部无约束作用，按理梁端下砌体的压应力呈三角形分布，其合力作用点位置为 $0.33a_0$，但屋盖梁下砌体承受的荷载一般较楼盖梁的小，其受压承载力裕度较大，为简化计算仍取 $0.4a_0$。

15.2 墙-梁（板）连接处有无嵌固作用？

第 15.1 节所述刚性方案房屋墙、柱静力计算的三条基本假定，为我国和原苏联等许多国家长期采用。其中在竖向荷载作用下，墙-梁（板）的节点均取为铰接，即认为墙和梁（板）之间无嵌固作用，只考虑梁端反力或上下层墙体中心线不重合所引起的弯矩。按铰接图形可大量简化计算。另外还由于考虑到梁对墙体有局部削弱，该节点的整体性较差的缘故。

近20余年来，国内外对墙-梁（板）节点的嵌固作用均进行了一些试验研究，有的认为它们之间的约束弯矩较大，在墙、柱的计算中不容忽视。A.W.Hendry、B.P.Sinha 等人曾作楼板插入墙体全厚的三跨三层结构及单跨二层结构试验，认为目前对墙-楼板相互作用的认识偏于不安全。如墙上压应力大于 0.3MPa，应按墙-板为刚接的框架进行分析。当墙-板连接为部分约束时，A.Awni 和 A.W.Hendry 提出按下列公式确定偏心距：

$$e = \frac{M_0}{p_l\left[(1+\psi)\left(1+\frac{2(EI)_s}{k_1 l}\right) + \frac{2(EI)_s}{\varphi l}\frac{H}{(EI)_w}\right]}$$

令

$$k = \frac{2(EI)_s}{k_1 l}, \xi = 2(EI)_s H/(EI)_w l$$

得

$$e = \frac{M_0}{p_l[(1+\psi)(1+k) + \xi/\varphi]} \tag{15-1}$$

式中 M_0——固端弯矩，$M_0 = ql^2/12$；

p_l——节点处楼板底截面上的全部荷载；

ψ——荷载比，$\psi = p_u/p_l$；

p_u——节点处楼板顶截面上的全部荷载；

k_1——节点刚度系数，$k_1 = M_0/\theta_j$；

θ_j——节点转角，$\theta_j = \theta_s - \theta_w$；

θ_s——板的转角；

θ_w——墙的转角；

$(EI)_s$——板的抗弯刚度；

$(EI)_w$——墙的抗弯刚度；

H——墙高；

l——楼板跨度；

φ——与荷载偏心距、墙长细比和曲率分布形态有关的系数，当 $e/h < 1/6$ 时 $\varphi = 2.345$；当 $e/h \geq 1/6$ 时 $\varphi = 1.275$。

当墙-板连接为刚性结点时，即 $\theta_j = 0$，$k_1 = \infty$，$k = 0$，得

$$e = \frac{M_0\varphi}{p_l[(1+\psi)\varphi + \xi]} \tag{15-2}$$

我国有的研究认为，对于跨度较大的混合结构多层房屋，当梁（板）端搁置长度不小于墙厚的 2/3 并与梁垫（圈梁）整体现浇时，墙、柱内力除按原《砌体结构设计规范》规定的方法进行计算外（图15-4b），还应考虑楼盖梁（板）在墙内的嵌固影响，按刚节点的框架计算图形补充进行内力分析（图15-4c）。此时在顶层，仍按铰接分析，即仅考虑由梁或屋架反力偏心作用引起的弯矩。对于采用装配式楼盖的混合结构，如梁端不与梁垫整体连接，则建议在梁顶采取构造措施（设置软垫层或留空隙等），以消除可能产生的嵌固弯矩，墙、柱内力可按原《砌体结构设计规范》规定的方法进行内力分析。

《砌体结构设计和施工国际建议》(CIB 58)认为，墙和楼板之间的内力作用，即其传递竖向力和弯矩的能力，除依赖于所采用的材料和节点构造外，还应考虑墙、板及其节点的非线性变形。但目前在理论研究和试验数据上尚不足以建立准确符合实际性能的方案，因而该"建议"指出，"一般地说，铰接点方案保守些（偏安全）。当有经验证实时，可采用刚性节点方案"。

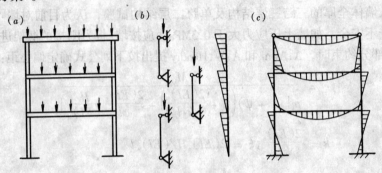

图 15-4　竖向荷载作用下墙、柱计算简图

为了使墙、柱计算简图尽可能地符合实际情况，针对墙-梁（板）的嵌固约束作用的影响，我国在编制新"规范"时作了进一步的分析和研究。在墙体上部荷载恒定的情况下，在加载开始阶段，随梁端支承压力的增加梁端约束弯矩增大。但后期阶段梁端约束弯矩减小，直至梁下砌体局部受压破坏时，这种约束作用基本消失。在使用阶段应考虑梁端约束弯矩对墙体受力的不利影响。根据三维有限元分析，在梁端支承压力不变的情况下，随着墙体上部荷载（σ_0/f_m）的增加，梁端约束弯矩增大；在墙体上部荷载不变的情况下，梁跨度增大时，梁端约束弯矩增大。此外，墙体、梁（板）的刚度也是影响其嵌固约束程度的重要因素。以梁跨 $l=5.4m$ 和 $9.0m$ 且当 $\sigma_0/f_m=0.1、0.2、0.3、0.4$ 时的有限元分析结果来看，当梁的跨度增大后，梁端约束弯矩有较大的增加。当跨度大于 9m 后，不容忽略梁端约束弯矩的影响。为了简化计算，将有限元分析的梁端约束弯矩与按框架模型计算得的梁端弯矩之比转换为梁端约束弯矩与梁固端弯矩之比，并以梁端实际支承长度与支承墙体的厚度之比 a/h 来表达，即

$$\gamma = 0.2\sqrt{\frac{a}{h}} \tag{15-3}$$

式中　a——梁端实际支承长度；

h——支承墙体的墙厚，当上、下墙厚不同时取下部墙厚，当有壁柱时取 h_T。

因而新"规范"规定对于梁跨度大于 9m 的墙承重的多层刚性方案房屋，宜再按梁两端固结计算梁端弯矩（固端弯矩），将其乘以修正系数 γ 后，按墙体线性刚度分到上层墙底部和下层墙顶部截面上。如当上、下层墙体的材料、截面和高度相同时，上层墙底部和下层墙顶部截面上的弯矩各分配 1/2。新"规范"补充的计算方法将进一步确保墙体的受压承载力。但在工程设计上，跨度大于 9m 的梁往往采用钢筋混凝土结构支承，而基本不选择无筋砌体结构。

16 刚弹性方案房屋墙、柱静力计算

刚弹性方案房屋的空间刚度较大，在荷载作用下房屋的水平位移往往较弹性方案的要小，但又不可忽略。也就是说，这类房屋仍有较好的空间工作。要掌握其墙、柱的内力分析方法，重要的是须理解横墙承担了多大反力。此外，必须对弹性方案房屋墙、柱内力计算有彻底了解。因为分析刚弹性方案房屋墙、柱内力时，只是在平面排架或框架的基础上，引入考虑空间工作的影响系数 η_i 而已。抓住这一点，便可熟悉墙、柱的内力计算步骤。对于多层刚弹性方案房屋，一般情况下，采用近似方法确定墙、柱内力，可满足结构设计要求。

刚弹性方案房屋的分析和计算是我国砌体结构研究中的一项重要成果，目前还没有见到在其他国家有类似的方法。实践经验表明，它是一种能较为准确反映混合结构房屋空间工作性能而计算又十分简便的方法，在一般情况下较弹性方案的设计能够节约材料。

16.1 单层刚弹性方案房屋墙、柱内力分析的主要步骤如何？

对于单层房屋，刚弹性方案的计算简图与弹性方案的计算简图相似，主要区别在于柱顶为弹性支承。当柱顶作用水平力 W，平面排架时的水平位移为 u_p，而考虑空间工作时该排架的水平位移为 $u_s = \eta u_p$（图 16-1）。后者较前者的水平位移减小了 $(1-\eta) u_p$，这是因为该变形引起的反力由横墙承受。设排架柱顶为不动铰支承时的反力为 R，按照力与位移成线性关系，弹性支座时的反力为 $(1-\eta) R$。因而，单层刚弹性方案房屋在水平荷载作用下，柱顶剪力可按图 16-2 所示方法求得。图中 μ 为剪力分配系数，由此可求得柱顶剪力 V。当为单跨且 A、B 柱的刚度相等时，$\mu_1 = \mu_2 = 1/2$。

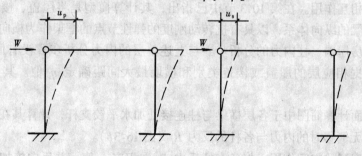

图 16-1 排架位移

根据以上分析，单层刚弹性方案房屋，在水平荷载作用下，墙柱的内力计算步骤如下：

(1) 根据屋盖类别和横墙最大间距确定静力计算方案，并确定 η 值，形成横梁（即

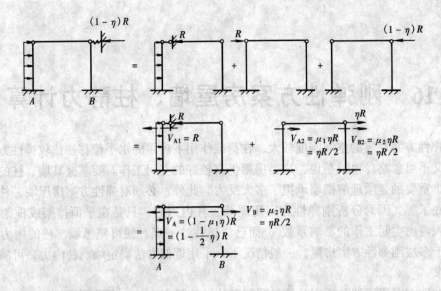

图 16-2 单层单跨刚弹性方案房屋墙柱内力分析方法

柱顶）具有弹性支承的平面排架。

（2）按平面排架的一般分析方法，假设上述排架无侧移，求出不动铰支承反力 R 和各柱顶剪力（如 V_{A1}）。

（3）由于横墙承担 $(1-\eta)R$ 的水平反力，因此只需将 R 乘 η 后，反向作用于排架上，可求出柱顶剪力（如 V_{A2}、V_{B2}）。

（4）叠加上述二种情况下的柱顶剪力，即得最后的柱顶剪力（如 V_A、V_B），从而可确定柱内各控制截面的内力。

16.2 如何分析多层刚弹性方案房屋墙、柱内力？

一、一般分析方法

对于多层刚弹性方案房屋，不仅纵向各开间之间存在较强的相互作用，而且各层之间亦存在较强的相互作用。在第 10.3 节中已指出，其计算模型是将屋盖、楼盖理想化为等效变刚度剪切梁的纵向体系，以具有抗转动刚度的弹性节点的框架作为横向平面体系。多层刚弹性方案房屋墙、柱内力的分析步骤与上述单层的内力分析步骤没有原则上的区别，只是首先需根据相应层的屋盖或楼盖类别和横墙最大间距确定 η_i 值。其计算方法如下（图 16-3）：

（1）在平面计算简图中于各层横梁与柱连接处加水平铰支杆，计算其在水平荷载（风荷载）作用下无侧移时的内力与各杆的反力 R_i（图 16-3b）。

（2）考虑房屋的空间作用，将各支杆反力 R_i 乘相应 η_i 值，并反向施加于节点上，计算其内力（图 16-3c）。

二、近似分析方法

上柔下刚方案多层房屋是指按相应的楼盖或屋盖类别和横墙最大间距判别，顶层为刚弹性方案，而下面各层为刚性方案的房屋。如顶层为会议室而底层为办公室的房屋，有可

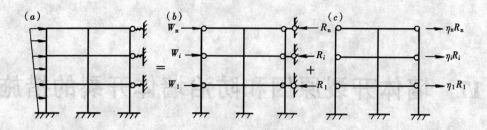

图 16-3 一般分析方法

能属上柔下刚方案。实测表明,当在房屋各层施加水平力时,由于下面各层房屋的刚度大,下面各层产生的水平位移很小。为了简化计算,顶层处按单层房屋取空间性能影响系数 η 进行内力计算,而下面各层可作为无侧移的框架,即取刚性方案的内力。

上刚下柔方案多层房屋是指按相应层的楼盖或屋盖类别和横墙最大间距判别,底层为刚弹性方案,而上面各层为刚性方案的房屋。如底层为商场而上面各层为办公室或住宅的房屋,有可能属上刚下柔方案。由于这种房屋底层刚度突变,在构造处理不当或偶发因素作用下存在着整体失效的可能性。遇到这种情况,不如通过适当的结构布置,如增加横墙,将底层设计成符合刚性方案的结构,即经济又安全。故"规范"中取消了上刚下柔多层房屋的静力计算方案。

17 墙体开裂原因和防治墙体开裂的措施

在砌体结构的设计中,对它们在各种受力情况下的承载力计算是十分重要的,因为任何砌体结构和构件都不能因丧失承载力而导致破坏。但也应该看到,上述计算中有的还不能完全反映砌体结构和构件的实际抵抗能力,甚至可能还有一些因素未能考虑在内。因而要确保砌体结构安全、可靠地工作且不影响使用,还应采取必要而合理的构造措施。对于砌体结构的构造措施,主要包括三个方面,即墙、柱高厚比,一般构造要求和防治墙体开裂的措施。重要的是要通过实践,既要熟悉构造措施,还应不断总结经验加以改进。

砌体的抗拉强度低,抗裂性能差,在种种外因作用下,墙体易产生裂缝,轻则影响房屋的正常使用与美观,严重的甚至产生工程事故,因此必须认真考虑墙体的防裂措施。

引起墙体开展的主要原因有:荷载作用,温度变形和地基不均匀沉降等。要防止或减轻这些裂缝,应针对不同的原因采取相应的措施。

17.1 荷载作用对墙体开裂有何影响?如何预防?

墙体在荷载作用下,要满足承载力极限状态和正常使用极限状态的要求。砌体受压试验研究表明,砖砌体内产生第一批裂缝时的压力约为破坏压力的 50%~70%;在毛石砌体中,砌体的匀质性较差,出现第一批裂缝时的压力约为破坏压力的 40%;小型砌块砌体出现第一批裂缝时压力的比值与砖砌体的相近;中型砌块砌体,因块高大,破坏时呈劈裂形态,故出现第一批裂缝时的压力与破坏时的压力接近。在砌体结构的可靠性分析中,对上述现象给予了充分的估计,一般说来,当墙体符合承载力极限状态要求时,可以保证它在使用状态下不产生裂缝。墙体在受压状态下产生的裂缝大多是竖向的。如这些垂直裂缝较细、数量不多且稳定时,则对结构的安全不会产生大的影响。当裂缝处于发展阶段,则预示将危及结构安全,尤其当桁架、主梁支座下的墙、柱的端部或中部出现沿块材断裂(贯通)的竖向裂缝,应立即采取措施,进行加固处理。对墙体中出现明显的受剪或受弯裂缝,亦应如此。由于结构的可靠性是指结构在规定的时间内,在规定的条件下,完成预定功能的能力。因而要避免墙体在荷载作用下产生裂缝,必需正确地进行承载力计算,选择合理的材料和构造措施,以及采用正确的施工方法。所有这些环节都应认真对待,不可忽视。

17.2 温度变形和收缩变形对墙体开裂有何影响?如何预防?

温度变形和材料的收缩变形也引起墙体开裂。如钢筋混凝土的线膨胀系数约为 10×10^{-6},砖砌体的线膨胀系数约为 5×10^{-6},即在相同条件下,钢筋混凝土构件的温度变形较墙体的约大一倍。砖砌体在浸水时体积膨胀,在失水时体积收缩,它的干缩变形也是比较大的，其变形幅度约为$(2 \sim -1) \times 10^{-4}$。硅酸盐砖砌体，其干缩变形约为$-0.2\text{mm/m}$，而按线膨胀系数，当温度变化1℃时的变形仅有0.01mm/m，可见硅酸盐砖砌体的干缩变形约相当于温差为20℃时的变形。混合结构房屋中，钢筋混凝土构件和墙体相互连接成一个整体，在上述变形差的作用下，墙体中产生的拉应力将超过砌体的抗拉强度而引起裂缝。这些裂缝可能出现在墙体之间、墙体的交接处或墙体与钢筋混凝土构件的支承处。在房屋中大体上可将上述裂缝分为下列两类。

1. 由于钢筋混凝土屋盖的温度变化和砌体干缩变形引起的墙体裂缝

因温差（如日温差）大，钢筋混凝土屋面板与墙体的温度变形差大，且它们的刚度又不相同，当屋面板产生膨胀时，由于墙体约束了屋面板的变形，房屋顶层端部墙体内的主拉应力较大，同时受墙体干缩和窗洞角点处应力集中等因素的影响，因而较易在顶层墙的端部产生斜裂缝和水平裂缝。裂缝形态主要表现为纵墙或横墙上的八字缝，屋盖与墙体之间的水平缝或包角水平缝等（图17-1）。严重时还有可能引起下一层墙体开裂。这类裂缝在我国南方地区的房屋中较易出现，如广州一幢七层住宅，其顶层端部墙体裂缝宽达10mm。

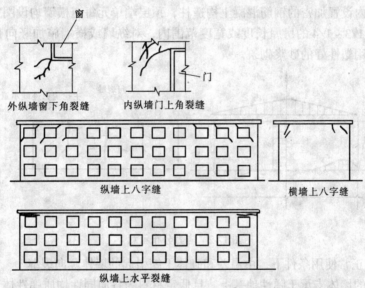

图17-1 顶层墙体八字缝、水平裂缝

根据实践经验，防止或减轻这类裂缝的主要措施有以下几方面。

(1) 屋盖上设置保温层或隔热层。实测表明，采用架空隔热板能减少温差10℃以上。屋面板的温度降低后，它与墙体的温差可大大减小。我国南方地区大多在屋面设架空隔热层，但应注意，此时屋面应留有通气孔。

(2) 采用装配式有檩体系钢筋混凝土屋盖和瓦材屋盖。这一措施的目的是使屋面的水平刚度降低，因而屋面板的温度变形减少，墙体内的温度应力也随之减小。如木屋架上铺粘土瓦的木屋盖，对防止顶屋墙体的八字缝很有效。

(3) 对于非烧结硅酸盐砖和砌块房屋，应严格控制块体出厂到砌筑的时间，并应避免现场堆放时块体遭受雨淋。非烧结硅酸盐砖砌体和砌块砌体的线膨胀系数较黏土砖砌体的高一倍，前者的干缩值也较后者的大。因而砌块墙体的裂缝较黏土砖墙的严重，它不仅使顶屋墙体的八字缝、水平缝加剧，同时还使墙体在其他部位产生裂缝。如在横墙中产生垂直裂缝，在底层窗台下墙体内产生垂直裂缝。尤其是在灰砂砖墙和粉煤灰砖墙中，上述裂缝相当普遍。以长沙生产的蒸压灰砂砖为例，经实测砖的收缩率为 $(6.62 \sim 8.11) \times 10^{-4}$，且当砖的含水率从平均饱和含水率（18.4%）到完全干燥状态的过程中，其收缩量前期较小，越接近干燥状态时，收缩率越大，约占80%以上的收缩量是在平均含水率为3.15%至完全干燥状态阶段完成的，故一般要求块体制成后停放一个月时间。

"规范"中还提出了其他行之有效且较为可靠的措施。如为了减小屋面与墙体间的约束，可在屋面的现浇刚性层和屋面板之间设滑动层，在钢筋混凝土屋面板与墙体圈梁的连接面处设置滑动层（如在两层油毡中加滑石粉，或设镀锌铁皮、合成橡胶板等）；在顶层墙体设置局部伸缩缝，如在混凝土小型砌块房屋中，在顶层每隔一开间设置局部伸缩缝；在屋面增设伸缩缝，如预制空心板屋盖，可在每一住宅单元分隔处设缝，对于现浇钢筋混凝土屋盖，可在每一住宅单元分隔处或 $15 \sim 20m$ 处设缝，亦可选择受力较小部位做300mm宽的混凝土后浇带；在房屋顶层端部的 $2 \sim 3$ 开间内，沿外墙在水平灰缝内设 $2\phi6$（240厚墙）、$3\phi6$（370厚墙）构造钢筋，或设 $\phi4$ 钢筋网片，并按此方法加强横墙与外纵墙的拉结；顶层墙体内设置加密的钢筋混凝土构造柱，顶层端单元每道横墙均设圈梁；在房屋顶层、在距两端 $1/3 \sim 1/4$ 的房屋长度或宽度范围内，对纵墙或横墙施加竖向预应力。还可将顶层墙体采用塑性好的砂浆砌筑。

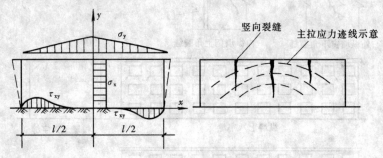

图 17-2 应力分布示意

2. 房屋在正常使用条件下，由温差和砌体干缩引起的墙体竖向裂缝

设房屋中的墙体支承于弹性地基上，且假定材料为各向同性均质弹性体，在负温差和砌体干缩的作用下，墙体截面内的水平拉应力 σ_x、剪应力 τ_{xy} 及其主应力如图 17-2 所示。墙体中部的主拉应力较大，并引起自上而下的贯通裂缝。当墙体很长时，有可能产生多道竖向裂缝。为防止这种裂缝的出现，须按规定的间距设置温度伸缩缝。在温度缝处，上部结构和墙体断开，基础部分因土内温度变形小可不必断开。这样便将房屋分成几个长度较小的单元，它们相对独立，每部分可以自由变形，使上述墙体内的主拉力大为减小。通常在温度缝内嵌以软质材料（如沥青麻丝），一般做法如图 17-3 所示。

砌体房屋温度伸缩缝的最大间距，可在"规范"中查得。由上述应力分析可知，墙体内设置温度伸缩缝后，一般不能同时防止由钢筋混凝土屋盖的温度变形和砌体干缩变形引起的顶层墙体裂缝，这是应该注意的。如房屋中设有其他变形缝（如沉降缝、防震缝）时，应使伸缩缝与之重合，这样作既经济也有效。

对于地基不均匀沉降引起的墙体裂缝及其防止措施，在地基与基础和砌体结构设计规

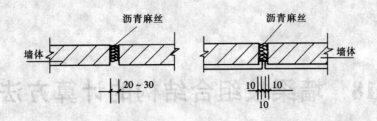

图 17-3 温度伸缩缝构造

范与有关著作中已有详细介绍，这里不赘述。

还应当指出，以上仅管对墙体开裂原因及防治措施作了一定的论述，但工程上要完全根治砌体结构因间接作用（如上述温度变形、干缩变形）而产生的裂缝尚存在许多问题，从中也可看出"规范"中指出"防止或减轻"的用意。究其原因，概括来说，一是如何制定砌体结构承受间接作用的裂缝评定标准，包括满足美学上及耐久性等方面的要求。二是如何建立符合实际的计算分析模型并能从定量上指导结构的防裂设计。因而加强这方面的研究，且设计人员在规范提供的措施下，如何运用"防"、"放"、"抗"的原则，根据自身的经验并紧密结合当地的实际，不断创新，尤为重要。

18 墙梁按组合结构的计算方法

墙梁按组合结构的计算方法与传统的计算方法有相当大的差别。对于承重墙梁，按组合结构的计算方法较弹性地基梁法所得托梁的纵向钢筋约可减少30%，与全荷载法比较，钢筋用量可减少60%以上。按组合结构的计算方法，适当减少了箍筋用量，增加了托梁的水平构造钢筋，使托梁配筋更为合理。此外，还要对墙体的抗剪和局部受压承载力进行验算，使墙梁设计较为完善、合理。在墙梁的具体计算中，由于符号、公式多且计算内容也多，学习时不必死记硬背。但应着重了解墙梁的受力特征、各种破坏形态，以及正确确定墙梁的计算简图。这样在查阅有关公式后，便可顺利进行计算。

18.1 墙梁有哪几种计算方法？

在多层房屋中，有时在使用上要求底层有较大的空间。如底层作营业厅，上层作办公室或住宅的这类房屋，当采用混合结构时，常在底层的钢筋混凝土楼面梁（托梁）上砌筑砖墙，再依次铺设楼盖和屋盖。由墙体和托梁形成的整体构件——墙梁来承受屋盖、楼盖荷载和墙体自重。目前国内外有多种墙梁计算方法，如全荷载法、弹性地基梁法、过梁法、经验法以及当量弯矩法和极限力臂法等。归结起来，这些传统方法基本上都是以托梁作为计算对象，尤其是规定了作用于托梁上的荷载分布和取值，以此计算托梁的正截面承载力。如图18-1所示的单跨五层房屋，当底层设钢筋混凝土托梁后，该简支托梁上的荷载或内力分别按下列方法确定。

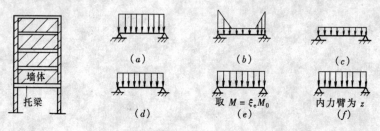

图 18-1 托梁上的荷载或内力示意

一、全荷载法

假定各层墙体自重和楼盖、屋盖荷载均匀地直接作用在托梁上（图18-1a）。按此计算，托梁的弯矩很大，梁的截面尺寸大，钢筋数量多。现在这种方法已逐渐被淘汰。

二、弹性地基梁法

该方法将托梁视作在支座反力作用下的弹性地基梁。根据弹性理论求得墙体与托梁界面上的竖向压应力，并简化为三角形分布，以此作为通过墙体作用在托梁上荷载（图18-1b）。由此算得梁的跨中最大弯矩较全荷载法的结果要小得多。该方法已较长时间在国内外应用，它还可用于连续墙梁的计算。

三、过梁法

按过梁上对荷载取值的规定来确定托梁上的墙体自重及其以上的楼盖、屋盖或其他荷载（图18-1c）。由于过梁与墙梁尚无明确的分界标准，如跨度小于何值属过梁，跨度大于何值属墙梁尚难以推断。一般来说，当梁跨较小时，过梁法与弹性地基梁法所计算的弯矩相差不大。但当梁跨较大时，按过梁法计算托梁可能偏于不安全。

四、经验法

图18-2所示五层房屋中，按"两墙三板"确定托梁上的荷载（图18-1d），即只按两层墙体自重和三层楼盖的荷载来计算托梁弯矩，第三层楼盖以上的墙体自重和楼盖、屋盖荷载则不予考虑。但如房屋为其他层数，则未明确如何取托梁上的荷载，因此这种方法局限性较大。

五、当量弯矩法

设简支梁的弯矩为M_0，按当量弯矩法，托梁内的最大弯矩为简支梁弯矩乘以当量系数，即$M_{max} = \xi_e M_0$。该公式也可说是对托梁荷载的折减（图18-1e）。这是一个简便的方法，但在确定当量系数ξ_e时，有的取ξ_e为常值0.08（有洞口墙梁$\xi_e = 0.16$），显然所考虑的因素过于简单。有的则力图在ξ_e中反映墙体和托梁的刚度影响，提出了托梁内最大拉力、墙体内最大竖向应力，以及支座附近托梁顶面的最大剪应力的计算公式。当量弯矩法（包括下述极限力臂法）在探索墙梁的组合工作性能方面，前进了一步，对于完善墙梁的计算有着参考价值。

六、极限力臂法

在力图反映墙梁的组合工作性能方面，极限力臂法与当量弯矩法有类似之处。该法是将墙梁视作深梁，在墙梁的正截面承载力计算中，取无限深梁的力矩臂$Z = 0.47l$（多跨连续时），或$Z = 2H/3 \leqslant 0.7l$（单跨简支时）（图18-1f）。

七、按组合作用与极限状态设计法

在上述方法中，有的没有考虑墙体和托梁的共同工作，而有的虽反映了它们的共同工作，但考虑的因素过于简单或比较简单。我国自1975年以来，将墙梁的试验结果与理论研究相结合，提出了组合作用并按极限状态设计的墙梁计算方法，它使我们对墙梁受力性能的认识提高到了一个新的水平。本方法已为"规范"采纳。在应用时，应特别注意"规范"表7.3.2对墙梁的规定，它指明了墙梁的适用条件，如规定承重墙梁的跨度$l \leqslant 9m$，自承重墙梁的$l \leqslant 12m$等。

18.2 怎样确定墙梁的计算简图？

墙梁按组合结构的计算方法，它将墙梁定义为：由支承墙体的钢筋混凝土托梁及其以上计算高度范围内墙体所组成的组合构件。墙梁分为承重墙梁和自承重墙梁，既承受墙体自重又承受由楼盖、屋盖等传来的荷载的墙梁称为承重墙梁，仅承受墙体自重的墙梁称为自承重墙梁。按支承情况，有单跨简支墙梁、多跨连续墙梁和单跨或多跨框支墙梁。墙梁的计算简图如图18-2所示，其关键在于确定墙梁的支承条件、计算长度，以及作用于墙梁上的荷载（包括荷载取值与作用位置）。

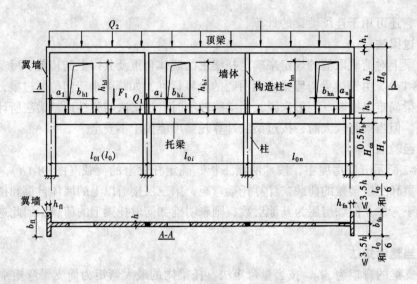

图 18-2 墙梁计算简图

一、支承条件

对于单跨墙梁，通常将支座处取为铰接，以形成单跨简支墙梁。对于多跨墙梁，托梁下的支座可取为连续铰支。如底层由框架柱支承，托梁支承为刚接，形成单跨或多跨框支墙梁。以上各种墙梁，均可依照图 18-2 加以显示。承重墙梁的托梁在砌体墙、柱上的支承长度不应小于 350mm。

二、计算长度

这里所指计算长度，包括墙梁计算高度和计算跨度等尺寸。

（一）墙梁计算高度 H_0

墙梁在荷载作用下，上部墙体的大部分截面处于受压区，托梁的全部或大部分截面处于受拉区，墙梁的砖砌体和钢筋混凝土托梁形成一个刚度大、且具有良好共同工作性能的组合承重结构。因此，与以往的计算方法不同，墙梁的计算高度由墙体计算高度 h_w 和托梁截面高度 h_b 决定。

分析表明，当 $h_w > l_0$ 时，主要是 $h_w = l_0$ 范围内的墙体参与组合作用。墙体计算高度 h_w，取托梁顶面上一层墙体高度，当 $h_w > l_0$ 时，取 $h_w = l_0$（对连续墙梁和多跨框支墙梁，l_0 取各跨的平均值），这是偏于安全的。

基于托梁内的轴向拉力作用于托梁中心，墙梁跨中截面计算高度 H_0，取 $H_0 = h_w + 0.5h_b$。

（二）墙梁计算跨度 l_0（或 l_{0i}）

由于墙梁为组合深梁，其支承处应力分布比较均匀，因而墙梁计算跨度 l_0（l_{0i}），对简支墙梁和连续墙梁取 $1.1l_n$（$1.1l_{ni}$）或 l_c（l_{ci}）两者的较小值；l_n（l_{ni}）为净跨，l_c（l_{ci}）为支座中心线距离。对框支墙梁，取框架柱中心线间的距离 l_c（l_{ci}）。

（三）翼墙计算宽度 b_f

房屋中墙梁常带有翼墙，根据试验和弹性有限元分析结果，翼墙计算宽度 b_f，偏安全地取窗间墙宽度或横墙间距的 2/3，且每边不大于 $3.5h$（h 为墙体厚度）和 $l_0/6$。如两侧翼墙计算面积不相等时，可取较小的面积。

(四) 框架柱计算高度 H_c

框架柱计算高度 H_c，取 $H_c = H_{cn} + 0.5h_b$；H_{cn} 为框架柱的净高，取基础顶面至托梁底面的距离。

三、荷载值及其作用位置

墙梁上的荷载由作用于墙梁顶面的荷载和作用于托梁顶面的荷载两部分组成。由于托梁顶面荷载使托梁与墙体的界面上产生较大的竖向拉应力，在没有采取有效措施时，难以确保该竖向拉应力的传递，因此直接作用于托梁顶面的荷载应由托梁独自承受，即不考虑上部墙体的组合作用，这样偏于安全。

计算时，墙梁在使用阶段和施工阶段的荷载不同。

(一) 使用阶段墙梁上的荷载

1. 承重墙梁

承重墙梁在使用阶段承受的荷载，按下列方法确定。

(1) 托梁顶面的荷载设计值，以 Q_1、F_1 表示，Q_1 为均布荷载，F_1 为集中力。它包括托梁自重及本层楼盖的恒荷载和活荷载。是否有 F_1 作用，应视具体情况而定。

(2) 墙梁顶面的荷载设计值，以 Q_2 表示。它包括托梁以上各层墙体自重、墙梁顶面及以上各层楼盖的恒荷载和活荷载。通常 Q_2 为均布荷载。如有集中荷载，墙梁顶面及以上各层的集中荷载一般不大于该层墙体自重及楼盖均布荷载总和的30%，且经各层传递至墙梁顶面已趋均匀，为简化计算，可将集中荷载除以计算跨度折算为均布荷载。

2. 自承重墙梁

自承重墙梁在使用阶段它所承受的荷载只有托梁自重及托梁以上墙体自重，故应以此作为墙梁顶面的荷载设计值 Q_2。

(二) 施工阶段托梁上的荷载

墙梁在施工阶段，只取作用在托梁上的荷载进行计算。即：

(1) 托梁自重及本层楼盖的恒荷载。
(2) 本层楼盖的施工荷载。
(3) 墙体自重。

研究表明，墙梁的墙体在砌筑过程中，当墙体高度大于 $l_0/2.5$ 时，由于砌体和托梁共同工作，托梁的挠度和钢筋应力的增加趋于恒定。因此墙体自重可按当量荷载，取高度为 $\dfrac{l_{0max}}{3}$ 的墙体自重。对于开洞墙梁，洞口削弱了上述砌体和托梁的组合作用，尚应按洞口顶面以下实际分布的墙体自重加以复核。l_{0max} 为各计算跨度的最大值。

18.3 要计算墙梁的哪些承载力?

墙梁的计算简图确定后，方可进行承载力计算。根据墙梁的组合受力性能，它主要有三种破坏形态，一是由于托梁纵向钢筋屈服而产生的正截面破坏，二是由于墙体及托梁的斜截面抗剪强度不足而产生的斜截面破坏，三是托梁支座上部砌体因局部抗压度强不足而产生的局部受压破坏。因此，要确保墙梁安全可靠地工作，需对墙梁在使用阶段托梁的正截面受弯承载力和斜截面受剪承载力及墙体受剪承载力、托梁支座上部砌体的局部受压承载力进行计算。此外，还应对托梁在施工阶段的正截面受弯承载力和斜面受剪承载力进行验算。自承重墙梁，可不验算墙体受剪承载力和砌体局部受压承载力。

18.4 怎样计算墙梁的内力？

墙梁无论在托梁顶面荷载 Q_1、F_1 作用下，还是在墙梁顶面荷载 Q_2 作用下，简支托梁、连续托梁和框支托梁的内力均采用一般结构力学方法进行计算，通常只需算出托梁各跨跨中和支座的最大弯矩和支座边的剪力，然后考虑托梁和墙体组合作用的影响。计算时还应分别根据使用阶段和施工阶段，按上述规定取用相应的荷载。

对于框支墙梁的框支柱，在墙梁顶面荷载作用下，由于组合作用使框支柱柱端弯矩减少，依据"强柱弱梁"原则并为了简化计算，不考虑柱端弯矩的折减。有限元分析表明，多跨框支墙梁还存在边柱与边柱之间的大拱效应，可能使边柱轴力增大，中柱轴力减小，因而框支柱柱端弯矩 M_c 和轴力 N_c 按下列公式计算：

$$M_c = M_{c1} + M_{c2} \tag{18-1}$$

$$N_c = N_{c1} + \eta_N N_{c2} \tag{18-2}$$

式中　M_{c1}——荷载设计值 Q_1、F_1 作用下的框架柱柱端弯矩；

　　　M_{c2}——荷载设计值 Q_2 作用下的框架柱柱端弯矩；

　　　η_N——考虑墙梁组合作用的框架柱轴力系数，单跨框支墙梁边柱和多跨框支墙梁中柱，取 1.0；对多跨框支墙梁的边柱，当边柱的轴力不利时，取 1.2。

18.5 如何计算墙梁中托梁的正截面承载力？

新"规范"中托梁正截面承载力的计算，是在原规范简支墙梁计算方法的基础上发展而得的，它以弯矩系数 α_M、轴力系数 η_N 和洞口影响系数 ψ_M 来表达，从而使托梁的弯矩和轴心拉力无论是对简支墙梁、连续墙梁或框支墙梁，也无论是无洞墙梁或开洞墙梁，均采用一个统一的计算模式。其结果是简化了计算，但墙梁的可靠度有一定的提高。

一、托梁跨中截面的承载力

托梁跨中正截面承载力，应按钢筋混凝土偏心受拉构件计算，其弯矩 M_{bi} 和轴心拉力 N_{bti} 按下列公式计算：

$$M_{bi} = M_{1i} + \alpha_M M_{2i} \tag{18-3}$$

$$N_{bti} = \eta_N \frac{M_{2i}}{H_0} \tag{18-4}$$

式中　M_{1i}——荷载设计值 Q_1、F_1 作用下的简支墙梁跨中弯矩或按连续梁或框架分析的托梁各跨跨中最大弯矩；

　　　M_{2i}——荷载设计值 Q_2 作用下的简支梁跨中弯矩或按连续梁或框架分析的托梁各跨跨中弯矩中的最大值。

上述公式中的系数，按下列方法确定。

1. 对简支墙梁

$$\alpha_M = \psi_M\left(1.7\frac{h_b}{l_0} - 0.03\right) \tag{18-5}$$

$$\psi_M = 4.5 - 10\frac{a}{l_0} \tag{18-6}$$

$$\eta_N = 0.44 + 2.1\frac{h_w}{l_0} \tag{18-7}$$

2. 对连续墙梁和框支墙梁

$$\alpha_M = \psi_M\left(2.7\frac{h_b}{l_{0i}} - 0.08\right) \tag{18-8}$$

$$\psi_M = 3.8 - 8\frac{a_i}{l_{0i}} \tag{18-9}$$

$$\eta_N = 0.8 + 2.6\frac{h_w}{l_{0i}} \tag{18-10}$$

式中 α_M——考虑墙梁组合作用的托梁跨中弯矩系数，按公式（18-5）或（18-8）计算，但对自承重简支墙梁应乘以 0.8；当公式（18-5）中的 $\frac{h_b}{l_0} > \frac{1}{6}$ 时，取 $\frac{h_b}{l_0} = \frac{1}{6}$；当公式（18-8）中的 $\frac{h_b}{l_{0i}} > \frac{1}{7}$ 时，取 $\frac{h_b}{l_{0i}} = \frac{1}{7}$；

η_N——考虑墙梁组合作用的托梁跨中轴力系数，按公式（18-7）或（18-10）计算，但对自承重简支墙梁应乘以 0.8；式中，当 $\frac{h_w}{l_{0i}} > 1$ 时，取 $\frac{h_w}{l_{0i}} = 1$；

ψ_M——洞口对托梁弯矩的影响系数，对无洞口墙梁取 1.0，对有洞口墙梁按式（18-6）或（18-9）计算；

a_i——洞口边至墙梁最近支座的距离，当 $a_i > 0.35l_{0i}$ 时，取 $a_i = 0.35l_{0i}$。

托梁在使用阶段跨中截面承载力的计算，最终归结为在 N_{bt} 和 M_b 作用下，按钢筋混凝土结构偏心受拉构件进行计算。需注意钢筋用量不应少于托梁按施工阶段正截面承载力计算所需要的钢筋。为了防止脆性破坏，托梁的纵向钢筋配筋率不应小于 0.6%。托梁每跨底部的纵向受力钢筋应通长设置，不得在跨中段弯起或截断。

（二）托梁支座截面的承载力

对于连续墙梁和框支墙梁还应计算托梁支座截面的承载力，该截面为大偏心受压，计算时忽略轴压力，按受弯构件计算，偏于安全。因而规定托梁支座截面应按钢筋混凝土受弯构件计算，其弯矩 M_{bj} 可按下列公式计算：

$$M_{bj} = M_{1j} + \alpha_M M_{2j} \tag{18-11}$$

$$\alpha_M = 0.75 - \frac{a_i}{l_{0i}} \tag{18-12}$$

式中 M_{1j}——荷载设计值 Q_1、F_1 作用下按连续梁或框架分析的托梁支座弯矩；

M_{2j}——荷载设计值 Q_2 作用下按连续梁或框架分析的托梁支座弯矩；

α_M——考虑墙梁组合作用的托梁支座弯矩系数，无洞口墙梁取 0.4，有洞口墙梁可按式（18-12）计算，当支座两边的墙体均有洞口时，a_i 取较小值。

由于托梁在负弯矩和剪力的共同作用下，有可能产生自上而下的弯剪裂缝，因此在托

梁距边支座边 $l_0/4$ 范围内，托梁上部纵向钢筋用量不得少于下部纵向钢筋用量的 1/3。连续墙梁或多跨框支墙梁的托梁中支座上部附加纵向钢筋从支座边算起每边延伸亦不小于 $l_0/4$。

18.6 如何计算墙梁斜截面受剪承载力？

使用阶段墙梁剪切破坏时，一般情况墙体先于托梁进入极限状态，因而应分别对墙体和托梁进行受剪承载力计算，既保证托梁的抗剪，又充分利用墙体的抗剪承载力。

一、墙体受剪承载力

墙体剪切有斜拉和斜压两种破坏形态，一般当墙体高跨比较小，墙体中部的主拉应力大于砌体沿齿缝截面的抗拉强度而产生阶梯形斜裂缝时，称为斜拉破坏。此时墙体的抗剪能力很低，因而规定墙体的高跨比（h_w/l_0）不能过小，使这种破坏可以避免。若墙体高跨比较大，墙体中部的主压应力大于砌体的斜向抗压强度，砌体将沿较陡的斜裂缝被压碎而破坏，称为斜压破坏。墙体受剪承载力，以斜压破坏模式为基础进行分析，可以下式表示：

$$V_2 \leq f_v h h_w \tag{18-13}$$

现取 $f_v = k_v f$，可以看出，系数 k_v 受到诸多因素的影响。但按正交设计法，经显著性分析发现，影响 f_v 的最主要因素为托梁高跨比和洞距比。工程经验表明，除上述影响因素外，墙梁中的顶梁、翼墙及构造柱也有一定的影响。墙梁顶面按构造要求需设置圈梁（简称顶梁），该顶梁如同墙体上的弹性地基梁，能将部分楼层荷载传至支座，还与托梁共同约束墙体横向变形，延缓和阻滞墙体斜裂缝开展，从而提高了墙体受剪承载力。由于翼墙或构造柱的存在，多层墙梁的楼层荷载向翼墙或构造柱卸荷而使墙体剪力减小，构造柱还起了约束作用，改善了墙体的受剪性能。

基于上述研究结果，墙梁中墙体的受剪承载力，按下式计算：

$$V_2 \leq \xi_1 \xi_2 \left(0.2 + \frac{h_b}{l_{0i}} + \frac{h_t}{l_{0i}}\right) f h h_w \tag{18-14}$$

式中 V_2——在荷载设计值 Q_2 作用下墙梁支座边剪力的最大值；

ξ_1——翼墙或构造柱影响系数，对单层墙梁取 1.0，对多层墙梁，当 $\frac{b_f}{h} = 3$ 时取 1.3，当 $\frac{b_f}{h} = 7$ 或设置构造柱时取 1.5，当 $3 < \frac{b_f}{h} < 7$ 时，按线性插入取值；

ξ_2——洞口影响系数，无洞口墙梁取 1.0，多层有洞口墙梁取 0.9，单层有洞口墙梁取 0.6；

h_t——墙梁顶面圈梁截面高度。

自承重墙梁可不验算墙体的受剪承载力。

二、托梁受剪承载力

墙梁中托梁在支座附近处于斜压受力状态，有相当一部竖向荷载直接传入支座，托梁产生剪切破坏的可能性较小。但在偏开洞墙梁的洞口范围内，托梁承受的剪力则较大，处于不利的剪拉受力状态，洞边截面是托梁斜截面破坏的危险部位。

为了使简支墙梁、连续墙梁和框支墙梁中托梁的受剪承载力采用统一的计算模式,引入剪力系数 β_v 来表达。因而,墙梁的托梁斜截面受剪承载力应按钢筋混凝土受弯构件计算,其剪力 V_{bj} 按下式计算:

$$V_{bj} = V_{1j} + \beta_v V_{2j} \tag{18-15}$$

式中 V_{1j}——荷载设计值 Q_1、F_1 作用下按连续梁或框架分析的托梁支座边剪力或简支梁支座边剪力;

V_{2j}——荷载设计值 Q_2 作用下按连续梁或框架分析的托梁支座边剪力或简支梁支座边剪力;

β_v——考虑墙梁组合作用的托梁剪力系数,无洞口墙梁边支座取 0.6,中支座取 0.7;有洞口墙梁边支座取 0.7,中支座取 0.8。对自承重墙梁,无洞口时取 0.45,有洞口时取 0.5。

18.7 如何计算墙体局部受压承载力?

墙梁在顶部荷载作用下,支座附近砌体内竖向应力高度集中,当墙体高跨比较大,该集中压应力有可能超过砌体的局部抗压强度,托梁支座上部较小范围内砌体开裂,甚至砖被压碎,产生局部受压破坏。

当托梁支座上部砌体的最大竖向压应力为 σ_{ymax},与一般的砌体局部受压分析方法相同,只要满足 $\sigma_{ymax} \leq \gamma f$ 的要求,墙梁中砌体的局部受压承载力也将得到保证。

现取 $c = \sigma_{ymax} h/Q_2$,称为应力集中系数。经试验和分析表明,可取 $c = 4$。以局压系数 ζ 表示砌体局部抗压强度提高系数与应力集中系数之比,则 $\zeta = \gamma/c = 1.5/4 = 0.375$。墙梁有翼墙时,它对砌体的局部受压起有利作用。因此局压系数中尚应考虑翼墙的影响,取

$$\zeta = 0.25 + 0.08 \frac{b_f}{h} \tag{18-16}$$

式中当局压系数 $\zeta > 0.81$ 时,取 $\zeta = 0.81$。

由上式,当墙梁无翼墙时,即 $b_f/h = 1$,可得 $\zeta = 0.33$,与上述分析值 0.375 接近。

上述分析表明,墙梁在使用阶段托梁支座上部砌体局部受压承载力,按下式计算

$$Q_2 \leq \zeta f h \tag{18-17}$$

应该看到这个公式与一般的砌体局部受压承载力的表达式有较大区别,其主要原因在于难以确定墙梁中砌体的局部受压面积。

墙梁的墙体设有构造柱后,它与顶梁约束砌体,构造柱对减少应力集中、改善局部受压性能更为明显,c 值可降至 1.6。因此当 $b_f/h \geq 5$ 或墙梁支座处设置上、下贯通的落地构造柱时,可不验算托梁支座上部砌体局部受压承载力。

实践经验表明,自承重墙梁的砌体有足够的局部受压承载力可不作验算。

18.8 墙梁在构造上应符合哪些要求?

上述墙梁计算的关键在于墙体和托梁的组合受力,为了保证托梁与墙体很好地共同工

作，反映托梁跨中段为偏心受拉等受力特点，除了进行上述承载力的计算，应满足下列基本构造要求，这是不容忽视的。

一、材料

(1) 托梁的混凝土强度等级不应低于C30；

(2) 纵向钢筋应采用HRB335、HRB400或RRB400级钢筋；

(3) 承重墙梁的块体强度等级不应低于MU10，计算高度范围内墙体的砂浆强度等级不应低于M10。

二、墙体

(1) 框支墙梁的上部砌体房屋，以及设有承重的简支墙梁或连续墙梁的房屋，应满足刚性方案房屋的要求；

(2) 墙梁洞口上方应设置混凝土过梁，其支承长度不应小于240mm；洞口范围内不应施加集中荷载；

(3) 承重墙梁的支座处应设置落地翼墙，翼墙宽度不应小于墙梁墙体厚度的3倍，并应与墙梁墙体同时砌筑；当不能设置翼墙时，应设置落地且上、下贯通的构造柱；

(4) 当墙梁墙体在靠近支座$\frac{1}{3}$跨度范围内开洞时，支座处应设置落地且上、下贯通的构造柱，并应与每层圈梁连接。

三、托梁

(1) 有墙梁的房屋的托梁两边各一个开间及相邻开间处应采用现浇混凝土楼盖，楼板厚度不宜小于120mm，当楼板厚度大于150mm时，应采用双层双向钢筋网，楼板上应少开洞，洞口尺寸大于800mm时应设洞口边梁；

(2) 托梁每跨底部的纵向受力钢筋应通长设置，不得在跨中段弯起或截断；钢筋接长应采用机械连接或焊接；

(3) 墙梁的托梁跨中截面纵向受力钢筋总配筋率不应小于0.6%；

(4) 托梁距边支座边$l_0/4$范围内，上部纵向钢筋面积不应小于跨中下部纵向钢筋面积的1/3；连续墙梁或多跨框支墙梁的托梁中支座上部附加纵向钢筋从支座边算起每边延伸不少于$l_0/4$；

(5) 承重墙梁的托梁在砌体墙、柱上的支承长度不应小于350mm；纵向受力钢筋伸入支座应符合受拉钢筋的锚固要求；

(6) 当托梁高度$h_b \geqslant 500$mm时，应沿梁高设置通长水平腰筋，直径不应小于12mm，间距不应大于200mm；

(7) 墙梁偏开洞口的宽度及两侧各一个梁高h_b范围内直至靠近洞口的支座边的托梁箍筋直径不应小于8mm，间距不应大于100mm（图18-3）。

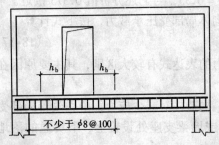

图18-3 偏开洞时托梁箍筋加密区

19 挑梁抗倾覆

混合结构房屋中的阳台、外走廊以及雨篷，常采用钢筋混凝土挑梁。它与其他钢筋混凝土悬挑构件的主要区别在于，一端嵌入砌体墙内，一端悬挑在外。因而对这种挑梁的受力性能和计算方法，应研究墙体与钢筋混凝土梁形成的整体作用。砌体中的钢筋混凝土挑梁，可能产生倾覆破坏、挑梁下砌体的局部受压破坏，以及钢筋混凝土梁的正截面或斜截面破坏，因而需验算挑梁的抗倾覆、挑梁下砌体的局部受压承载力和钢筋混凝土梁的正截面受弯承载力、斜截面受剪承载力。在这些计算中，挑梁抗倾覆涉及的因素较多，其中的关键在于按不同类别的挑梁确定计算倾覆点并合理选取抗倾覆荷载。

19.1 挑梁倾覆时经历哪三个受力阶段？

在钢筋混凝土梁本身不产生正截面受弯和斜截面受剪破坏，以及梁下砌体不产生局部受压破坏的前提下，挑梁的倾覆经历如下三个受力阶段。

一、弹性工作阶段

当作用于挑梁上的荷载 F 很小时，在嵌入部分的前端，梁与砌体的上界面（图 19-1 中 A 点处）产生竖向拉应力，下界面产生竖向压应力。它们与砌体的变形成线性关系，墙体与梁共同工作，整体性很好，挑梁处于弹性工作阶段，直至上述拉应力达到砌体沿通缝截面的弯曲抗拉强度时止。

二、裂缝出现和发展阶段

F 增加后，挑梁嵌入部分的前端，因上界面处的竖向拉应力大于砌体沿通缝截面的弯曲抗拉强度，在 A 点处产生水平裂缝，此时的荷载约为倾覆破坏荷载的 20%～30%。随着 F 的继续增加，上界面处的水水裂缝向挑梁尾端发展，形成裂缝①。同理在挑梁尾端 B 点处产生水平裂缝，并形成裂缝②。在

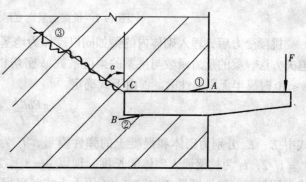

图 19-1 挑梁倾覆破坏

裂缝①和②的形成及发展过程中，挑梁嵌入部分的前端下界面及尾端上界面处的竖向压应力增加，受压区逐渐减小，砌体产生塑性变形，挑梁如同在砌体内具有面支座的杠杆那样工作。当 F 进一步增大，自挑梁尾端起（C 点处）墙体内产生斜裂缝。它沿砌体灰缝向后上方发展呈阶梯形，形成裂缝③。此时的荷载约为倾覆破坏荷载的 80%。根据试验结果，在挑梁中该斜裂缝与垂直线的夹角 α 的平均值约为 57.1°，在雨篷中 α 角的平均值为 75°。尽管 α 角的范围内的砌体自重及其上部荷载成为挑梁的抗倾覆荷载，但因墙体内梁

的变形也较大，因而一旦出现斜裂缝③，便预示挑梁进入倾覆破坏阶段。

三、破坏阶段

上述斜裂缝出现后，有的情况下它可能还有些发展，但只要荷载稍微增大，斜裂缝③即迅速向后上方延伸，甚至使墙体贯通开裂。此时墙体内的梁将继续变形，难以再施加新的荷载，表明挑梁产生倾覆破坏。

19.2 挑梁如何分类？

试验表明，刚度较大且埋入砌体的长度较小的挑梁，当荷载较大时，不但悬挑部分梁的竖向变形大，埋入砌体内梁尾端的竖向变形也较大（图 19-2a）。挑梁的竖向变形主要因转动变形而引起，这种挑梁称为刚性挑梁。刚度较小且埋入砌体的长度较大的挑梁，当荷载较大时，埋入砌体内的梁有向上拱起的作用，梁尾端的竖向变形很小（图 19-2b）。挑梁的竖向变形主要因弯曲变形而引起，这种挑梁称为弹性挑梁。

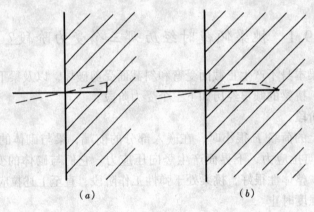

图 19-2 挑梁的竖向变形示意图

挑梁受力后，埋入砌体内的梁如同以砌体为地基的弹性地基梁。按郭尔布诺夫—泊沙道夫方法，梁的反力函数与挑梁的柔度系数 ψ 密切相关，且当 $\psi<1$ 时属刚性梁，当 $1\leqslant\psi\leqslant10$ 时属半无限弹性梁。ψ 由下式确定

$$\psi = \frac{\pi E b l'^3}{4 E_c I_c} \tag{19-1}$$

式中 E、E_c 分别为砌体和混凝土的弹性模量，I_c 为挑梁的截面惯性矩，b 为挑梁宽度，$l' = l_1/2$，l_1 为挑梁埋入砌体的长度。现以 $\psi = 1$ 作为刚性挑梁和弹性挑梁的分界值，且将常用材料的弹性模量 $E/E_c = 0.06$ 代入上式，可得 $l_1 = 2.41 h_b$。最后取 $2.2 h_b$ 作为分界值，即

当 $l_1 < 2.2 h_b$ 时，为刚性挑梁，如雨篷梁和悬臂楼梯板；

当 $l_1 \geqslant 2.2 h_b$ 时，为弹性挑梁，如阳台挑梁。

19.3 什么是挑梁的计算倾覆点？

从理论上分析，挑梁达倾覆极限状态时的倾覆点，位于倾覆荷载与抗倾覆荷载的力矩

代数和为零处，即指挑梁中弯矩最大、剪力为零的截面位置。由于试验中挑梁实际沿一个局部的面转动而产生倾覆破坏，很难观测到它沿哪一点倾覆，因此称上述倾覆点为计算倾覆点。

对于弹性挑梁，按弹性地基梁法由挑梁的变形方程可解得挑梁的弯矩和剪力，令剪力等于零可求得计算倾覆点位置

$$x_0 = \frac{1}{5\alpha} \tag{19-2}$$

$$\alpha = \sqrt[4]{\frac{kb}{E_c I_c}} \tag{19-3}$$

式中系数 k 为产生单位变形所需的压应力，可取 $k = E$。将常用材料的弹性模量代入上式，最后可近似取

$$x_0 = 1.25\sqrt[4]{h_b^3} \quad (\text{mm}) \tag{19-4}$$

如果近似地以挑梁下砌体压应力合力作用点作为计算倾覆点（图 19-3），根据试验结果，梁下砌体压应力分布长度 $a_0 \approx 1.2h_b$。弹性挑梁在倾覆破坏时，因梁下砌体压应变梯度相当大，压应力图形可取为凹抛物线分布。凹抛物线分布的压应力点至墙外边缘的距离 $x_0 = 0.25a_0 = 0.25 \times 1.2h_b = 0.3h_b$。因而弹性挑梁的计算倾覆点位置亦可近似用下式计算：

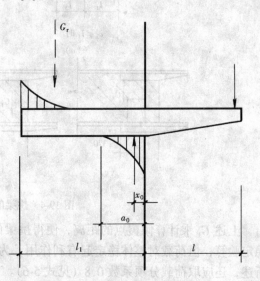

图 19-3 挑梁计算倾覆点

$$x_0 = 0.3h_b \tag{19-5}$$

按上述两种分析方法，当挑梁截面高度 $h_b = 200\text{mm} \sim 400\text{mm}$ 时，由式（19-4）和式（19-5）所得的 x_0 值比较接近。为简化计算"规范"规定按式（19-5）计算。

对于刚性挑梁，计算倾覆点的位置，取砌体内的梁产生转动变形的转动点处。根据挑梁截面剪力等于零的条件，可近似推导得

$$x_0 = 0.13l_1 \tag{19-6}$$

当挑梁下设有钢筋混凝土构造柱时，计算倾覆点至墙外边缘的距离可偏于安全地取 $0.5x_0$。

19.4 怎样确定抗倾覆荷载？

挑梁的抗倾覆荷载与挑梁上砌体的整体作用有很大关系。前已指出，当挑梁达倾覆极限状态时，自挑梁尾端起在墙体内产生斜裂缝③（图 19-1），因而其抗倾覆荷载，为挑梁

尾端上部 α 扩散角范围内的砌体与上部荷载之和。为了计算方便和偏于安全，取 $\alpha=45°$。以 G_r 表示挑梁的抗倾覆荷载，它为挑梁尾端上部 45°扩散角范围（其水平投影长度为 l_3，如图 19-4 所示）内砌体与楼面恒荷载标准值之和。挑梁处无洞口时，视 l_3 的大小，按图 19-4 (a)、(b) 所示确定 G_r；当挑梁尾端及其附近有洞口时，按图 19-4 (c)、(d)、(e) 所示确定 G_r。

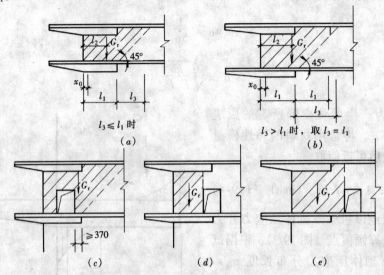

图 19-4 挑梁的抗倾覆荷载

上述 G_r 乘计算倾覆点的距离，便得挑梁的抗倾覆力矩。设计时，因抗倾覆属于整体稳定验算，恒荷载对整体稳定起有利作用，为了保证挑梁具有必要的可靠度，按第 5.1 节所述，还应取荷载分项系数 0.8（见式 5-6）。

对于雨篷梁和悬臂楼梯板，属刚性挑梁，它埋入砌体的长度 l_1 较小，应按图 19-5 所示确定 G_r。其中 $l_2 = l_1/2$，$l_3 = l_2/2$。

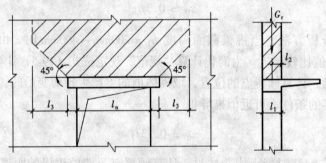

图 19-5 雨篷的抗倾覆荷载

19.5 如何验算挑梁的抗倾覆？

砌体中钢筋混凝土挑梁的抗倾覆，采用下式验算：

$$M_{0v} \leq M_r \tag{19-7}$$

其中挑梁的抗倾覆力矩设计值 M_r，按下式计算

$$M_r = 0.8 G_r(l_2 - x_0) \tag{19-8}$$

式中 G_r 为本层的砌体与楼面恒荷载标准值之和，按图 19-4 和图 19-5 所示方法确定。挑梁计算倾覆点的位置，当 $l_1 \geqslant 2.2 h_b$ 时，由式（19-5）计算，但 x_0 均不得大于 $0.13 l_1$；当 $l_1 < 2.2 h_b$ 时，由式（19-6）计算。M_{0v} 为挑梁的荷载设计值对计算倾覆点产生的倾覆力矩。

20 砌体结构房屋的抗震设计

无筋砌体是一种脆性材料,其房屋的抗震能力弱,遭受强烈地震时破坏较为严重。在墙体中设置构造柱或芯柱、圈梁,房屋的抗震性能有一定的改善。而配筋混凝土砌块砌体剪力墙结构具有良好的抗震能力,并可用于建造高层房屋,是值得重视的一种抗震结构。

20.1 在抗震设防地区为什么要限制混合结构房屋的高度?

无筋砌体墙的抗侧力和抗震性能差。历次大地震震害表明,在一般地基条件下,混合结构房屋层数越多,高度越高,其震害和破坏比例也越大,特别是在高烈度区尤为严重。为了防止砌体结构在大地震时突然倒塌,一塌到底,应严格执行《建筑抗震设计规范》(GB 50011—2001)对砌体结构房屋的高度限制。由于房屋层高在取值上的不同,还须采用房屋总高度和总层数双控的办法来加以限制。此外,为了保证砌体结构房屋不致因整体弯曲而破坏,规范中对多层砌体结构房屋的高宽比亦作了限制。

在砌体结构中设置钢筋混凝土构造柱和圈梁后,砌体受到约束,抗震性能得到改善。但应认识到,抗震规范规定此类结构房屋处于一定高度的关键部位必须设置钢筋混凝土构造柱,是为了防止房屋倒塌而采取的一种抗震措施,不能理解为是房屋超高的补偿措施。

20.2 如何验算多层砌体结构房屋墙体的截面抗震承载力?

多层砌体房屋的抗震计算,采用底部剪力法,且可只选择从属面积较大或竖向压应力较小的墙段进行截面抗震承载力验算。

多层房屋中的墙体可采用砖砌体、混凝土小型空心砌块砌体以及配筋砖砌体,由于墙体种类的不同,其截面抗震承载力应采用不同的公式进行计算。

一、无筋墙体

1. 烧结普通砖、烧结多孔砖、蒸压灰砂砖、蒸压粉煤灰砖墙体和石墙体。

烧结普通砖、烧结多孔砖、蒸压灰砂砖、蒸压粉煤灰砖墙体和石墙体的截面抗震承载力,按下式验算:

$$V \leqslant \frac{f_{\text{VE}} A}{\gamma_{\text{RE}}} \tag{20-1}$$

式中 V——考虑地震作用组合的墙体剪力设计值;

f_{VE}——砌体抗震抗剪强度设计值,按式(3-7)计算,石砌体的抗剪强度应根据试验数据确定;

A——墙体横截面面积；

γ_{RE}——承载力抗震调整系数，对于两端有构造柱、芯柱的抗震墙，$\gamma_{RE}=0.9$；其他抗震墙，$\gamma_{RE}=1.0$。

2. 混凝土小型砌块墙体

抗震设防地区的混凝土砌块墙体，需要设置钢筋混凝土芯柱，即在这种墙体一定部位的竖向孔洞内插入竖向钢筋并灌注混凝土，这对于提高房屋的抗震能力颇为有效。混凝土小型砌块墙体的截面抗震承载力，由砌体和芯柱提供，按下式计算：

$$V \leqslant \frac{1}{\gamma_{RE}}[f_{VE}A + (0.3f_tA_c + 0.05f_yA_s)\zeta_c] \qquad (20\text{-}2)$$

式中 f_t——芯柱混凝土轴心抗拉强度设计值；

A_c——芯柱截面总面积；

A_s——芯柱钢筋截面总面积；

ζ_c——芯柱参与工作系数，按芯柱根数与孔洞总数之比即填孔率 ρ 确定（表20-1）。

芯柱参与工作系数 表20-1

ρ	$\rho<0.15$	$0.15 \leqslant \rho < 0.25$	$0.25 \leqslant \rho < 0.5$	$\rho \geqslant 0.5$
ζ_c	0	1.0	1.1	1.15

当同时设置芯柱和构造柱时，构造柱截面可作为芯柱截面，构造柱钢筋可作为芯柱钢筋。

二、配筋砖墙体

1. 网状配筋或水平配筋烧结普通砖、烧结多孔砖墙体

网状钢筋或水平钢筋受拉后可提高烧结普通砖、烧结多孔砖墙的抗剪能力，但如配筋量过少，其作用甚微；配筋量过多，钢筋难以充分发挥。因此，合适的配筋率为0.07%～0.17%。这种墙体的截面抗震承载力，按下式验算：

$$V \leqslant \frac{1}{\gamma_{RE}}(f_{VE}A + \zeta_s f_y A_s) \qquad (20\text{-}3)$$

式中 f_y——钢筋抗拉强度设计值；

A_s——层间竖向截面中钢筋总截面面积，水平钢筋的竖向间距不应大于400mm；

ζ_s——钢筋参与工作系数，可按表20-2采用。

钢筋参与工作系数 表20-2

墙体高宽比	0.4	0.6	0.8	1.0	1.2
ζ_s	0.10	0.12	0.14	0.15	0.12

2. 砖砌体和钢筋混凝土构造柱组合墙体

在砖墙中设置截面不小于240mm×240mm且间距不大于4m的钢筋混凝土构造柱，不但能增加墙体的受压承载力，还可提高墙体的受剪承载力。该组合墙的截面抗震承载力，按下式验算：

$$V \leqslant \frac{1}{\gamma_{RE}}[\eta_c f_{VE}(A - A_c) + \zeta f_t A_c + 0.08 f_y A_s] \qquad (20\text{-}4)$$

式中　η_c——墙体约束修正系数，一般情况取 1.0，构造柱间距不大于 2.8m 时取 1.1；

　　　A_c——中部构造柱的横截面面积，对横墙和内纵墙，当 $A_c>0.15A$ 时，取 0.15A；对外纵墙，当 $A_c>0.25A$ 时，取 0.25A；

　　　ζ——中部构造柱参与工作系数，居中设一根时取 0.5，多于一根时取 0.4；

　　　f_t——中部构造柱的混凝土轴心抗拉强度设计值；

　　　A_s——中部构造柱的纵向钢筋截面总面积（配筋率不小于 0.6%，大于 1.4% 时取 1.4%）。

公式（20-4）表明，中部构造柱的作用与端部构造柱的作用有所不同。此外，如遇组合墙的截面抗震承载力低于要求值较多时，亦应如同对待受压承载力那样，以减小构造柱间距为宜。

20.3 在多层砌体结构房屋中如何设置构造柱或芯柱？

在多层砌体结构房屋的墙体中设置钢筋混凝土构造柱或芯柱，不但能直接参与墙体的受压和受剪，而且是改善墙体抗震能力的一项重要构造措施。它们与钢筋混凝土圈梁共同约束墙体，尤其是墙体开裂以后，墙体以其塑性变形和滑移、摩擦来消耗地震能量，增大了结构的延性，对控制墙体的散落和坍塌有显著作用。

一、对构造柱的要求

1. 设置部位

多层普通砖、多孔砖房，应按下列要求设置现浇钢筋混凝土构造柱。

（1）构造柱设置部位，一般情况下应符合表 20-3 的要求。

（2）外廊式和单面走廊式的多层房屋，应根据房屋增加一层后的层数，按表 20-3 的要求设置构造柱，且单面走廊两侧的纵墙均应按外墙处理。

（3）教学楼、医院等横墙较少的房屋，应根据房屋增加一层后的层数，按表 20-3 的要求设置构造柱；当教学楼、医院等横墙较少的房屋为外廊式或单面走廊式时，应按（2）款要求设置构造柱，但 6 度不超过四层、7 度不超过三层和 8 度不超过二层时，应按增加二层后的层数对待。

砖房构造柱设置要求　　　　　　　　　表 20-3

房屋层数				设　置　部　位	
6度	7度	8度	9度		
四、五	三、四	二、三		外墙四角，错层部位横墙与外纵墙交接处，大房间内外墙交接处，较大洞口两侧	7、8度时，楼、电梯间的四角；隔 15m 或单元横墙与外纵墙交接处
六、七	五	四	二		隔开间横墙（轴线）与外墙交接处，山墙与内纵墙交接处；7~9度时，楼、电梯间的四角
八	六、七	五、六	三、四		内墙（轴线）与外墙交接处，内墙的局部较小墙垛处；7~9度时，楼、电梯间的四角；9度时内纵墙与横墙（轴线）交接处

多层蒸压灰砂砖、蒸压粉煤灰砖房，应按表20-4要求设置构造柱。

蒸压灰砂砖、蒸压粉煤灰砖房构造柱设置要求　　　　　表20-4

房屋层数			设　置　部　位
6度	7度	8度	
四、五	三、四	二、三	外墙四角、楼（电）梯间四角，较大洞口两侧、大房间内外墙交接处
六	五	四	外墙四角、楼（电）梯间四角，较大洞口两侧、大房间内外墙交接处，山墙与内纵墙交接处，隔开间横墙（轴线）与外纵墙交接处
七	六	五	外墙四角、楼（电）梯间四角，较大洞口两侧、大房间内外墙交接处，各内墙（轴线）与外墙交接处；8度时，内纵墙与横墙（轴线）交接处
八	七	六	较大洞口两侧，所有纵横墙交接处，且构造柱间距不宜大于4.8m

注：房屋的层高不宜超过3m。

2. 构造柱的截面及连接

（1）通常构造柱最小截面可采用240mm×180mm，纵向钢筋宜采用4φ12，箍筋间距不宜大于250mm，且在柱上下端宜适当加密；7度时超过六层、8度时超过五层和9度时，构造柱纵向钢筋宜采用4φ14，箍筋间距不应大于200mm；房屋四角的构造柱可适当加大截面及配筋。组合砖墙中，构造柱的截面不应小于240mm×240mm；构造柱纵向钢筋，对中柱不应少于4φ12，对边柱、角柱不应少于4φ14。

（2）砌体结构中设置的钢筋混凝土构造柱，必须是先砌墙后浇筑混凝土。构造柱与墙连接处应砌成马牙槎，并应沿墙高每隔500mm设2φ6拉结钢筋，每边伸入墙内不宜小于1m。

（3）构造柱与圈梁连接处，构造柱的纵筋应穿过圈梁，保证构造柱纵筋上下贯通。

（4）构造柱一般不单独设置基础，但应伸入室外地面下500mm，或锚入浅于500mm的基础圈梁内。

（5）房屋高度和层数接近规范规定的限值时，纵、横墙内构造柱间距尚应符合下列要求：

1）横墙内的构造柱间距不宜大于层高的二倍；下部1/3楼层的构造柱间距适当减小；

2）当外纵墙开间大于3.9m时，应另设加强措施。内纵墙的构造柱间距不宜大于4.2m。

二、对芯柱的要求

1. 设置部位

混凝土小型砌块房屋，应按表20-5的要求设置钢筋混凝土芯柱；对于医院、教学楼等横墙较少的房屋，应根据房屋增加一层后的层数，按表20-5的要求设置芯柱。

2. 芯柱的截面及连接

（1）在混凝土小型砌块房屋中，每个芯柱的截面一般为砌块孔洞的尺寸，芯柱截面不宜小于120mm×120mm，其混凝土强度等级不应低于Cb20。

（2）芯柱的竖向插筋应贯通墙身且与圈梁连接；插筋不应小于1φ12，7度时超过五层、8度时超过四层和9度时，插筋不应小于1φ14。

小砌块房屋芯柱设置要求　　　　　　　　表 20-5

房屋层数			设置部位	设置数量
6度	7度	8度		
四、五	三、四	二、三	外墙转角，楼梯间四角；大房间内外墙交接处；隔15m或单元横墙与外纵墙交接处	外墙转角，灌实3个孔；内外墙交接处，灌实4个孔
六	五	四	外墙转角，楼梯间四角，大房间内外墙交接处，山墙与内纵墙交接处，隔开间横墙（轴线）与外纵墙交接处	
七	六	五	外墙转角，楼梯间四角；各内墙（轴线）与外纵墙交接处；8、9度时，内纵墙与横墙（轴线）交接处和洞口两侧	外墙转角，灌实5个孔；内外墙交接处，灌实4个孔；内墙交接处，灌实4~5个孔；洞口两侧各灌实1个孔
	七	六	同上；横墙内芯柱间距不宜大于2m	外墙转角，灌实7个孔；内外墙交接处，灌实5个孔；内墙交接处，灌实4~5个孔；洞口两侧各灌实1个孔

注：外墙转角、内外墙交接处、楼电梯间四角等部位，应允许采用钢筋混凝土构造柱替代部分芯柱。

（3）芯柱应伸入室外地面下500mm或与埋深小于500mm的基础圈梁相连。

（4）为提高墙体抗震受剪承载力而设置的芯柱，宜在墙体内均匀布置，最大净距不宜大于2.0m。

（5）小砌块房屋墙体交接处或芯柱与墙体连接处应设置拉结钢筋网片，网片可采用直径4mm的钢筋点焊而成，沿墙高每隔600mm设置，每边伸入墙内不宜小于1m。

3．代替芯柱的构造柱

有的小砌块房屋中设置钢筋混凝土构造柱来代替芯柱，该构造柱应符合下列构造要求：

（1）构造柱最小截面可采用190mm×190mm，纵向钢筋宜采用4φ12，箍筋间距不宜大于250mm，且在柱上下端宜适当加密；7度时超过五层、8度时超过四层和9度时，构造柱纵向钢筋宜采用4φ14，箍筋间距不应大于200mm；外墙转角的构造柱可适当加大截面及配筋。

（2）构造柱与砌块墙连接处应砌成马牙槎，与构造柱相邻的砌块孔洞，6度时宜填实，7度时应填实，8度时应填实并插筋；沿墙高每隔600mm应设拉结钢筋网片，每边伸入墙内不宜小于1m。

（3）构造柱与圈梁连接处，构造柱的纵筋应穿过圈梁，保证构造柱纵筋上下贯通。

（4）构造柱可不单独设置基础，但应伸入室外地面下500mm，或与埋深小于500mm的基础圈梁相连。

20.4 何谓底部框架-抗震墙房屋？

这里所述底部框架-抗震墙房屋是指底部一层或两层为框架-抗震墙结构，而上部各层为砌体（砖砌体或砌块砌体）结构承重的房屋。这种房屋在使用功能上有优越性，工程上受到欢迎。但这种房屋上刚下柔，在地震作用下，底层将发生变形集中，当产生过大的侧移时房屋严重破坏，甚至坍塌。因此，《建筑抗震设计规范》（GB 50011—2001）对这种结构房屋的总高度和层数、高宽比以及抗震墙的间距等方面作了严格的规定，如表20-6～表20-8所示。

底部框架-抗震墙房屋的总高度和层数限值　　表20-6

抗震设防烈度	6	7	8
总高度 (m)	22	22	19
层数	7	7	6

注：房屋底部层高不应超过4.5m，上部层高不应超过3.6m。

房屋最大高宽比　　表20-7

抗震设防烈度	6	7	8
最大高宽比	2.5	2.5	2.0

底部框架-抗震墙房屋抗震横墙最大间距 (m)　　表20-8

类别		抗震设防烈度		
		6	7	8
上部各层	现浇或装配整体式钢筋混凝土楼、屋盖	18	18	15
	装配式钢筋混凝土楼、屋盖	15	15	11
	木楼、屋盖	11	11	7
底层或底部两层		21	18	15

由抗震规范的规定可知，底部框架-抗震墙房屋不得在9度区使用；房屋的底部，应沿纵横两方向设置一定数量的抗震墙，该抗震墙应均匀对称布置或基本均匀对称布置，且一般情况应采用钢筋混凝土抗震墙，只有当6、7度且总层数不超过五层的房屋，其底部可采用嵌砌于框架之间的砌体抗震墙。

目前工程上正在关注底部为框架-抗震墙结构，而上部为配筋混凝土砌块砌体剪力墙承重的房屋，应该说这种结构体系优于上述结构体系，在房屋总高度和层数等方面可突破上述的规定。例如在抚顺建成的"中兴大厦"，共12层，底部三层为钢筋混凝土框架、框架柱间采用配筋砌块砌体剪力墙，上部九层为配筋混凝土砌块砌体剪力墙。在哈尔滨的"阿继科技园"也采用这种结构体系，建成13层和18层的房屋，其底部分别达三层和五层。尽管积累了一些经验，但这种结构体系房屋的设计和计算尚有待深入研究，不断完善并使之规范化。

20.5 为什么要控制底部框架-抗震墙房屋的侧向刚度？

抗震结构的竖向布置应力求分布规则、均匀，使其刚度变化连续、均匀，不产生突变。这是因为各层侧向刚度分布均匀的房屋，在水平地震作用下的弹塑性层间位移亦较为均匀，其整体抗震能力增强。如房屋底层的侧向刚度较上部的小得多，弹塑性层间位移将集中在底层，随着第二层与底层侧向刚度比的增大，底层的弹塑性位移亦增大，且直接影响到房屋层间剪力的分布、薄弱楼层的位置和弹塑性变形的集中，对房屋抗震不利。如底层的抗震墙设置过多，底层的侧向刚度过大，房屋的薄弱楼层上移，同样不利于房屋的抗震。因此，设计上在底部框架-抗震墙房屋的底层，应合理地设置一定数量的抗震墙，使房屋底部的侧向刚度尽可能与房屋上部各层的侧向刚度接近。

一、对刚度比的具体要求

底层（底部一层）框架-抗震墙房屋的纵横两个方向，第二层与底层侧向刚度的比值，6、7度时不应大于2.5，8度时不应大于2.0，且均不应小于1.0。

底部两层框架-抗震墙房屋的纵横两个方向，底层与底部第二层侧向刚度应接近，第三层与底部第二层侧向刚度的比值，6、7度时不应大于2.0，8度时不应大于1.5，且均不应小于1.0。

二、刚度比计算

1. 底层（底部一层）框架-抗震墙房屋

其侧向刚度之比，按下式计算：

$$\lambda_1 = \frac{K_2}{K_1} = \frac{\Sigma K_{bw2}}{\Sigma K_{f1} + \Sigma K_{cw1} + \Sigma K_{bw1}} \tag{20-5}$$

式中 λ_1——房屋第二层与底层侧向刚度的比值；

K_2——第二层的侧向刚度；

K_1——底层的侧向刚度；

K_{f1}——底层一榀框架的侧向刚度；

K_{cw1}——底层一道钢筋混凝土抗震墙的侧向刚度；

K_{bw1}——底层一道砌体抗震墙的侧向刚度；

K_{bw2}——第二层每道砌体抗震墙的侧向刚度。

2. 底部两层框架-抗震墙房屋

其侧向刚度之比，按下式计算，且要求 K_1 与 K_2 接近，

$$\lambda_2 = \frac{K_3}{K_2} = \frac{\Sigma K_{bw3}}{\Sigma K_{f2} + \Sigma K_{cw2} + \Sigma K_{bw2}} \tag{20-6}$$

式中 λ_2——房屋第三层与第二层侧向刚度的比值；

K_3——第三层的侧向刚度；

K_{f2}——第二层一榀框架的侧向刚度；

K_{cw2}——第二层一道砌体抗震墙的侧向刚度；

K_{bw3}——第三层每道砌体抗震墙的侧向刚度。

三、侧向刚度计算

（一）钢筋混凝土框架侧向刚度

当框架梁与柱刚接时，框架的柔度为

$$\delta = \frac{h^3}{12E_c \Sigma I_c} \tag{20-7}$$

则框架的侧向刚度为

$$K_c = \frac{12E_c\Sigma I_c}{h^3} \tag{20-8}$$

式中 E_c——混凝土弹性模量；
I_c——一根柱的截面惯性矩；
h——柱的计算高度。

(二) 钢筋混凝土抗震墙侧向刚度

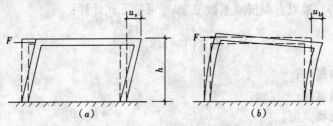

图 20-1 无洞抗震墙的侧移

在计算底部钢筋混凝土抗震墙的侧向刚度时，仅考虑墙体剪切变形和弯曲变形，而忽略基础侧移的影响。

1. 无洞抗震墙 (图 20-1)

(1) 因剪切变形产生的侧移 (图 20-1a)

抗震墙在水平剪力作用下的剪切变形为

$$\gamma = \frac{\xi F}{G_c A_{cw}} \tag{20-9}$$

墙顶端侧移为

$$u_s = \gamma h = \frac{\xi F h}{G_c A_{cw}} \tag{20-10}$$

式中 G_c——混凝土剪变模量，可取 $G_c = 0.4E_c$；
A_{cw}——钢筋混凝土抗震墙水平截面面积；
ξ——剪应变不均匀系数，对矩形截面取 $\xi = 1.2$。

(2) 因弯曲变形产生的侧移 (图 20-1b)

抗震墙因弯曲变形产生的侧移为

$$u_b = \frac{Fh^3}{3E_c I_{cw}} \tag{20-11}$$

式中 I_{cw}——抗震墙 (包括柱) 水平截面惯性矩。

(3) 柔度

令式 (20-10) 和式 (20-11) 中的水平力 $F = 1$，得抗震墙考虑剪切变形和弯曲变形的柔度，

$$\delta_{cw} = \frac{1.2h}{G_c A_{cw}} + \frac{h^3}{3E_c I_{cw}} = \frac{3h}{E_c A_{cw}} + \frac{h^3}{3E_c I_{cw}} \tag{20-12}$$

(4) 侧向刚度

无洞钢筋混凝土抗震墙的侧向刚度，按下式计算：

$$K_{cw} = \frac{1}{\delta_{cw}} = \frac{1}{\dfrac{3h}{E_c A_{cw}} + \dfrac{h^3}{3E_c I_{cw}}} \quad (20\text{-}13)$$

2. 有洞口抗震墙（图 20-2）

当 $\sqrt{\dfrac{bd}{lh}} \leqslant 0.4$ 时，有洞钢筋混凝土抗震墙的侧向刚度，可近似取无洞抗震墙的侧向刚度［即式（20-13）］乘以有洞折减系数 β_h。β_h 可按下式计算：

$$\beta_h = \left(1 - 1.2\sqrt{\dfrac{bd}{lh}}\right) \quad (20\text{-}14)$$

式中　b——洞口高度；
　　　d——洞口宽度；
　　　l——抗震墙宽度。

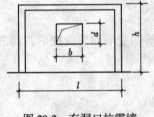

图 20-2　有洞口抗震墙

（三）砌体抗震墙侧向刚度

1. 无洞砌体抗震墙

对于嵌砌于框架内的无洞砌体抗震墙，计算其侧向刚度时，可仅考虑墙的剪切变形，不计其弯曲变形的影响。

无洞砌体抗震墙的侧向刚度，按下式计算：

$$K_{mw} = \dfrac{1}{\delta_{mw}} = \dfrac{E_m A_{mw}}{3h} \quad (20\text{-}15)$$

式中　δ_{mw}——砌体抗震墙的柔度；
　　　E_m——砌体弹性模量；
　　　A_{mw}——砌体抗震墙水平截面面积。

2. 有洞口砌体抗震墙

（1）当 $\sqrt{\dfrac{bd}{lh}} \leqslant 0.4$（小洞口墙）时，有洞砌体抗震墙的侧向刚度，可近似取无洞抗震墙的侧向刚度［即式（20-15）］乘以按式（20-14）计算的有洞折减系数 β_h，β_h 亦可近似查表 20-9 确定。

砌体墙洞口影响系数　　表 20-9

开洞率	0.10	0.20	0.30	0.40
β_h	0.98	0.94	0.88	0.76

注：开洞率为洞口水平截面积与墙体水平截面积之比。

（2）当 $\sqrt{\dfrac{bd}{lh}} > 0.4$（大洞口墙）时，可将整个墙体按洞口划分为若干个无洞单元，分别计算每个单元的柔度，再按串联或并联体系计算整体墙的柔度，从而求得整体墙的刚度。

对于 $h/b < 1$ 的墙体单元，可仅考虑剪切变形，其柔度为

$$\delta_{mi} = \dfrac{3h_i}{E_m A_{mi}} \quad (20\text{-}16)$$

对于 $1 \leqslant h/b \leqslant 4$ 的墙体单元，同时考虑剪切变形和弯曲变形，其柔度为

$$\delta_{mi} = \dfrac{3h_i}{E_m A_{mi}} + \dfrac{h_i^3}{3E_m I_{mi}} \quad (20\text{-}17)$$

当 n 个墙体单元串联时（如图 20-3 所示），砌体抗震墙的侧向刚度，按下式计算：

$$K_{mw} = \frac{1}{\sum_{i=1}^{n} \delta_{mi}} \quad (20\text{-}18)$$

当 n 个墙体并联时，砌体抗震剪的侧向刚度，按下式计算：

$$K_{mw} = \sum_{i=1}^{n} \frac{1}{\delta_{mi}} \quad (20\text{-}19)$$

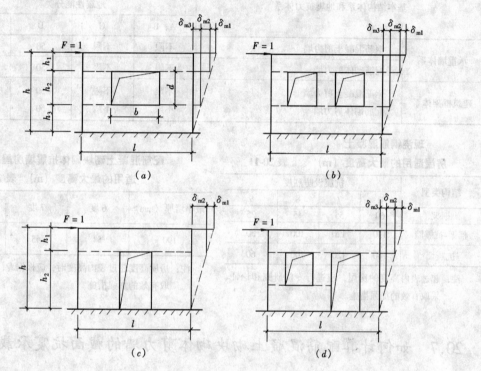

图 20-3 大洞口抗震墙的侧移

20.6 配筋混凝土砌块砌体剪力墙房屋能建多高？

美国地震减灾计划（NEHRP）新建筑抗震设计建议（1994 年版）对地震区结构体系高度的限值如表 20-10 所示（摘录），美国 UBC97、IBC2000 标准中的规定亦基本与此相同。表 20-10 中 A～D 为地震性能分类，如其中 A 类相当于我国抗震设防烈度 6 度强，B 类相当于我国 7 度。我国建筑抗震设计规范对现浇钢筋混凝土房屋、配筋混凝土砌块抗震墙房屋适用的最大高度分别见表 20-11 和表 20-12。表 20-10 表明，配筋砌块砌体剪力墙结构的适用范围与钢筋混凝土剪力墙的相同。而在我国，配筋混凝土砌块砌体剪力墙房屋适用的最大高度不仅远低于钢筋混凝土剪力墙的，且不及钢筋混凝土框架结构房屋适用的最大高度。由于配筋混凝土砌块砌体剪力墙结构的设计首次列入我国规范，还牵涉到该结构材料（包括配套材料）的生产和施工质量的控制，需要进一步总结经验，不断完善与提高，因而将其适用的最大高度定得很低，这是十分慎重的。但从上述比较可见，在我国配筋混凝土砌块砌体剪力墙房屋适用的高度仍有发展的余地。为此，《建筑抗震设计规范》（GB 50011—2001）规定，房屋高度超过表 20-12 内高度时，应根据专门研究，采取有效的加强措施。这需要通过一定的程序，报请有关建设行政主管部门审查并认可。

结构体系高度限值　　表 20-10

基本结构体系和地震抗力体系		建筑高度限值（m）			
		地震性能分类			
		A、B	C	D	E
承重墙体系	钢筋混凝土剪力墙	不限	不限	50	30
	配筋砌体剪力墙	不限	不限	50	30
建筑框架体系	钢筋混凝土剪力墙	不限	不限	50	30
	配筋砌体剪力墙	不限	不限	50	30

现浇钢筋混凝土房屋适用的最大高度（m）　　表 20-11

结构类型	抗震设防烈度			
	6	7	8	9
框架	60	55	45	25
框架-抗震墙	130	120	100	50
抗震墙	140	120	100	60

注：超过表内高度的房屋，应进行专门研究和论证，采取有效的加强措施。

配筋混凝土砌块砌体抗震墙房屋适用的最大高度（m）　　表 20-12

最小墙厚（mm）	6 度	7 度	8 度
190	54	45	30

注：房屋高度超过表内高度时，应根据专门研究，采取有效的加强措施。

20.7 如何计算配筋混凝土砌块砌体剪力墙的截面抗震承载力？

考虑地震作用组合的配筋混凝土砌块砌体剪力墙的承载力计算，包括正截面承载力和斜截面承载力的计算。

一、内力调整

配筋混凝土砌块砌体剪力墙房屋的底部，所受弯矩和剪力较大，是房屋抗震的薄弱部位。为使剪力墙设计成强剪弱弯构件，在房屋底部应予加强，其高度不应小于房屋高度的 1/6 且不应小于两层的高度。为此，该加强部位的剪力设计值，按下式进行调整

$$V = \eta_{vw} V_w \tag{20-20}$$

式中　V——考虑地震作用组合的剪力墙底部加强部位计算截面的剪力设计值；

　　　η_{vw}——剪力增大系数，一级抗震等级取 1.6，二级取 1.4，三级取 1.2，四级取 1.0；

　　　V_w——考虑地震作用组合的剪力墙底部加强部位计算截面的剪力计算值。

二、正截面承载力

配筋混凝土砌块砌体剪力墙的正截面抗震承载力，按静力（非抗震）设计的规定计算，如按第 9.4 节的方法计算，但其抗力应除以承载力抗震调整系数 γ_{RE}。

三、斜截面承载力

1. 剪力墙的受剪截面

配筋混凝土砌块砌体剪力墙的受剪截面，应符合下列要求：

当剪跨比 $\lambda > 2$ 时

$$V \leqslant \frac{1}{\gamma_{RE}} 0.2 f_g b h \tag{20-21}$$

$\lambda \leqslant 2$ 时

$$V \leqslant \frac{1}{\gamma_{RE}} 0.15 f_g b h \tag{20-22}$$

式中　γ_{RE}——承载力抗震调整系数，取 0.85。

2. 承载力计算

现以矩形截面配筋混凝土砌块砌体剪力墙为例，其斜截面抗震受剪承载力，按下列方法计算。

(1) 剪力墙在偏心受压时

$$V \leqslant \frac{1}{\gamma_{RE}} \left[\frac{1}{\lambda - 0.5} (0.48 f_{vg} b h_0 + 0.10 N) + 0.72 f_{yh} \frac{A_{sh}}{s} h_0 \right] \tag{20-23}$$

$$\lambda = \frac{M}{V \cdot h_0} \tag{20-24}$$

式中　M、N、V——考虑地震作用组合的剪力墙计算截面的弯矩、轴向力和剪力设计值，当 $N > 0.2 f_g b h$ 时，取 $N = 0.2 f_g b h$；

　　　　λ——计算截面的剪跨比，当 $\lambda \leqslant 1.5$ 时取 1.5，当 $\lambda \geqslant 2.2$ 时取 2.2；

　　　　h_0——配筋混凝土砌块砌体剪力墙截面的有效高度；

　　　　A_{sh}——配置在同一截面内的水平分布钢筋的全面截面面积；

　　　　f_{yh}——水平钢筋的抗拉强度设计值；

　　　　s——水平分布钢筋的竖向间距。

(2) 剪力墙在偏心受拉时

$$V \leqslant \frac{1}{\gamma_{RE}} \left[\frac{1}{\lambda - 0.5} (0.48 f_{vg} b h_0 - 0.17 N) + 0.72 f_{yh} \frac{A_{sh}}{s} h_0 \right] \tag{20-25}$$

式中当 $0.48 f_{vg} b h_0 - 0.17 N < 0$ 时，取 $0.48 f_{vg} b h_0 - 0.17 N = 0$。

20.8　配筋混凝土砌块砌体剪力墙的钢筋有何抗震构造要求？

配筋混凝土砌块砌体剪力墙的配筋，除符合第 9.7 节的规定外，其抗震构造尚应符合下述要求。

一、分布钢筋

配筋混凝土砌块砌体剪力墙的竖向分布钢筋和水平分布钢筋，应符合表 20-13 的要求。

剪力墙竖向和水平分布钢筋的配筋构造　　　　　表 20-13

抗震等级	最小配筋率（%）		最大间距（mm）	最小直径（mm）	
	一般部位	加强部位		竖向钢筋	水平钢筋
一级	0.13	0.13	400	$\phi 12$	$\phi 8$
二级	0.11	0.13	600	$\phi 12$	$\phi 8$
三级	0.10	0.11	600	$\phi 12$	$\phi 8$
四级	0.10	0.10	600	$\phi 12$	$\phi 8$

注：顶层和底层竖向钢筋的最大间距应适当减小，顶层和底层水平钢筋的最大间距不应大于400mm。

二、边缘构件的配筋

配筋混凝土砌块砌体剪力墙边缘构件的设置，当剪力墙的压应力大于 $0.5f_g$ 时，其构造配筋应符合表 20-14 的规定。

剪力墙边缘构件构造配筋　　　　　表 20-14

抗震等级	底部加强区	其他部位	箍筋或拉筋直径和间距
一级	$3\phi 20$	$3\phi 18$	$\phi 8@200$
二级	$3\phi 18$	$3\phi 16$	$\phi 8@200$
三级	$3\phi 16$	$3\phi 14$	$\phi 8@200$
四级	$3\phi 14$	$3\phi 12$	$\phi 8@200$

三、钢筋的锚固与搭接

配筋混凝土砌块砌体剪力墙的竖向受拉钢筋和水平受力钢筋（网片）的锚固、搭接要求，应符合表 20-15 的要求，如图 20-4 ~ 图 20-6 所示。配筋混凝土砌块砌体剪力墙房屋的基础与剪力墙结合处的受力钢筋，当房屋高度超过 50m 或一级抗震等级时宜采用机械连结或焊接，其他情况可采用搭接。

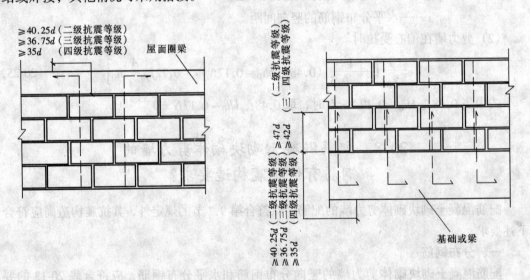

图 20-4　竖向受力钢筋的锚固与搭接（抗震）

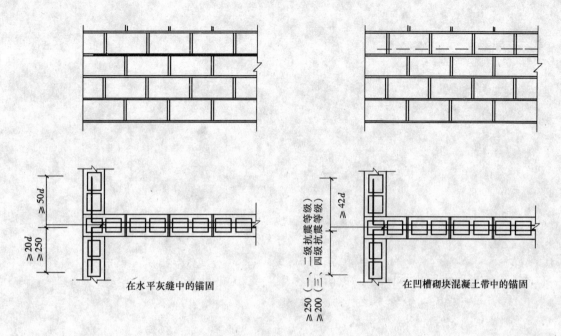

图 20-5 水平受力钢筋的锚固（抗震）

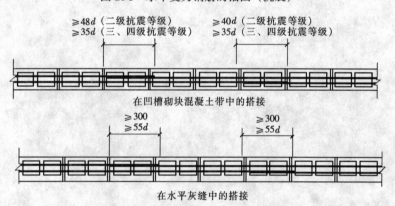

图 20-6 水平受力钢筋的搭接（抗震）

剪力墙竖向和水平钢筋（网片）的锚固长度与搭接长度　　　　表 20-15

锚固长度 l_{ae}，搭接长度 l_{le}			抗 震 等 级		
			一级、二级	三级	四级
竖向钢筋	所有部位	l_{ae}	$1.15l_a$	$1.05l_a$	l_a
		l_{le}	$1.2l_a + 5d$	$1.2l_a$	$1.2l_a$
	房屋高度 > 50mm 的基础顶面 l_{le}		$50d$	$40d$	
水平钢筋	钢筋在末端弯 90°锚入灌孔混凝土的长度		≥250mm	≥200mm	
	焊接网片的弯折端部加焊的水平钢筋在末端弯 90°锚入灌孔混凝土的长度		≥150mm		
	搭接长度		$40d$	$35d$	

第二部分

解题指导

第二編

軸選設計

【题1】 砌体抗压强度平均值计算

经检测，某房屋中墙体采用的砖强度为 **11.86MPa**，砂浆强度为 **3.7MPa**。试计算砌体的抗压强度平均值。

解题思路：应以砖和砂浆实测的抗压强度而不是其强度等级值代入式（2-1）进行计算。

【解】 在科学研究以及工程检验或鉴定时，往往需用实际测定的砖和砂浆的强度代入式（2-1）中计算砌体的抗压强度。

对于砖砌体，$k_1 = 0.78$；$a = 0.5$；因 $f_2 > 1\text{MPa}$，取 $k_2 = 1$。将以上各值代入式（2-1），得该砖砌体的抗压强度平均值为

$$f_m = 0.78 \times 11.86^{0.5}(1 + 0.07 \times 3.7) = 0.78 \times 11.86^{0.5} \times 1.259$$
$$= 3.38\text{MPa}$$

【题2】 混凝土小型空心砌块砌体抗压强度计算

某承重墙采用混凝土小型空心砌块 **MU20**、水泥混合砂浆 **Mb15** 砌筑。试算该墙的砌体抗压强度平均值和设计值。

解题思路：在运用公式计算混凝土小型空心砌块砌体抗压强度时，随砌块和砂浆强度等级的大小有不同的折减规定。

【解】 按题目要求分别计算砌体抗压强度平均值和设计值。

1. 砌体抗压强度平均值

由式（2-1）和表2-1，对于混凝土小型空心砌块砌体取 $k_1 = 0.46$，$\alpha = 0.9$，$k_2 = 1.0$。除此而外，因采用 MU20 的砌块，且 $f_2 = 15\text{MPa} > 10\text{MPa}$，故应按式（2-2b）计算该砌体的抗压强度平均值，即

$$f_m = 0.437 f_1^{0.9}(1 + 0.07 f_2)(1.1 - 0.01 f_2)$$
$$= 0.437 \times 20^{0.9}(1 + 0.07 \times 15)(1.1 - 0.01 \times 15)$$
$$= 0.437 \times 20^{0.9} \times 2.05 \times 0.95 = 12.61\text{MPa}$$

2. 砌体抗压强度设计值

按式（2-3d），该砌体的抗压强度设计值为

$f = 0.45 f_m = 0.45 \times 12.61 = 5.675\text{MPa}$，"规范"中表列 $f = 5.68\text{MPa}$。

【题3】 不同施工质量控制等级下的砌体抗压强度设计值

如【题2】所给条件，求该砌体在施工质量控制等级为 **A级** 与 **C级** 时的抗压强度设计值。

解题思路：砌体施工质量控制等级对砌体强度有直接影响，须按设计规定取用相应施工质量控制等级下的砌体强度设计值。

1. 砌体施工质量控制等级为 B 级时

"规范"中表列的砌体计算指标是按施工质量控制等级为 B 级时的值，因而【题2】所得 $f = 5.68\text{MPa}$，即为该砌体在 B 级时的取值。

2. C 级时

查表 4-1，该砌体在施工质量控制等级为 C 级时的抗压强度设计值为

$$f = 0.89 \times 5.68 = 5.06\text{MPa}$$

3. A 级时

由第4.3节所述，该砌体在施工质量控制等级为A级时的抗压强度设计值，可取
$$f = 1.05 \times 5.68 = 5.96 \text{MPa}$$

【题4】 不同块体作砂浆试块底模时的砌体抗压强度设计值

某蒸压灰砂砖砌体柱，砖的强度等级为 MU15；经试验，同样配比的水泥混合砂浆，当采用灰砂砖作底模时砂浆强度为 M5，当采用烧结普通黏土砖作底模时砂浆强度为 M7.5。试确定该蒸压灰砂砖柱砌体的抗压强度设计值。

解题思路：各种块体的物理性能如吸水性等有所不同，确定其砂浆强度等级时应采用同类块体为砂浆强度试块底模，并以此结果来计算该砌体的抗压强度。

【解】 该柱采用蒸压灰砂砖，其砂浆强度应取底模为灰砂砖的试块的强度。将 $f_1 = 15$MPa, $f_2 = 5$MPa 代入式 (2-1)，得

$$f_m = 0.78 \times 15^{0.5}(1 + 0.07 \times 5) = 0.78 \times 15^{0.5} \times 1.35$$
$$= 4.078 \text{MPa}$$

按式 (2-3d)
$$f = 0.45 \times 4.078 = 1.83 \text{MPa}$$

【题5】 混凝土砌块灌孔砌体抗压强度计算

【题2】 所给条件的墙体，砌块孔洞率为 45%，当采用灌孔混凝土 Cb40、每隔 2 孔灌 1 孔及全灌孔，施工质量控制等级为 B 级。试计算灌孔混凝土砌体的抗压强度设计值。

解题思路：混凝土小型空心砌块砌体采用灌孔混凝土灌孔后，砌体强度有较大程度的提高，整体性亦好。其抗压强度设计值，根据材料强度、砌块孔洞率和砌体灌孔率按式 (2-5) 计算，并应注意该公式的适用条件。

【解】 按【题2】的计算结果，该混凝土小型空心砌块砌体的抗压强度设计值 $f = 5.68$MPa（亦可很方便地从"规范"中查得）。

本墙体采用灌孔混凝土的强度等级未低于 Cb20，且不小于 1.5 倍的块体强度等级，是适宜的。$f_c = 19.1$MPa。

1. 每隔 2 孔灌 1 孔

此时砌体灌孔率 $\rho = 33\%$ 并符合规定。由式 (2-6)，
$$\alpha = \delta\rho = 0.45 \times 0.33 = 0.15$$

按式 (2-5)，其灌孔砌体的抗压强度设计值为
$$f_g = f + 0.6\alpha f_c = 5.68 + 0.6 \times 0.15 \times 19.1 = 7.4 \text{MPa} < 2f$$

2. 全灌孔

此时砌体灌孔率 $\rho = 100\%$，由式 (2-6)
$$\alpha = 0.45 \times 1 = 0.45$$

按式 (2-5)，其灌孔砌体的抗压强度设计值为
$$f_g = 5.68 + 0.6 \times 0.45 \times 19.1 = 10.8 \text{MPa} < 2f$$

上述取值表明，其灌孔砌体的抗压强度设计值较空心砌块砌体的抗压强度设计值分别提高了 30% 和 90%。

【题6】 砌体抗剪强度计算

某房屋中承重墙采用混凝土小型空心砌块 MU10（孔洞率 45%）、水泥混合砂浆 Mb5 砌筑，其底层墙体每隔 1 孔灌 1 孔 Cb20 混凝土，施工质量控制等级为 B 级。试分别计算

非灌孔和灌孔砌体的抗剪强度设计值。

解题思路：砖砌体、混凝土小型空心砌块砌体和石砌体的抗剪强度，由砂浆强度等级可直接确定。而对于混凝土砌块灌孔砌体，其抗剪强度以砌体抗压强度表达，这是它们之间的最大区别。因此对灌孔砌块砌体，须先由式（2-5）计算灌孔砌体的抗压强度，再按式（3-10）计算其抗剪强度。

【解】 空心砌块砌体和灌孔砌块砌体的抗剪强度设计值，分别计算如下。

1. 混凝土空心砌块砌体

由 Mb5 直接在"规范"查得混凝土空心砌块砌体抗剪强度设计值为 $f_{v0} = 0.06\text{MPa}$。

2. 灌孔混凝土砌块砌体

本题材料强度与【题2】的不同，砌块强度等级为 MU10 而不是 MU20，且 $f_2 = 5\text{MPa} < 10\text{MPa}$，因而不考虑式（2-2）的折减。现直接查"规范"，得该空心砌块砌体抗压强度设计值为 $f = 2.22\text{MPa}$。

Cb20 混凝土，$f_c = 9.6\text{MPa}$。砌体灌孔率为 50%。由式（2-6），
$$\alpha = \delta\rho = 0.45 \times 0.5 = 0.225$$

按式（2-5），
$$f_g = f + 0.6\alpha f_c = 2.22 + 0.6 \times 0.225 \times 9.6 = 3.52\text{MPa} < 2f$$

按式（3-10），该灌孔砌块砌体抗剪强度设计值为
$$f_{vg} = 0.2 f_g^{0.55} = 0.2 \times 3.52^{0.55} = 0.4\text{MPa}$$

以上计算结果亦表明，灌孔砌块砌体较之空心砌块砌体，其抗压强度和抗剪强度均有较大幅度的提高。

【题7】 荷载效应计算

某混合结构单层厂房，计算简图如题图1所示。在 A 柱柱底截面Ⅲ-Ⅲ处，由屋面恒荷载、柱和吊车梁等自重标准值产生的弯矩为 $-0.5\text{kN}\cdot\text{m}$（柱的右侧边受拉），屋面活荷载标准值产生的弯矩为 $-0.4\text{kN}\cdot\text{m}$，吊车最大轮压作用于 A 柱时荷载标准值产生的弯矩为 $33.8\text{kN}\cdot\text{m}$（柱的左侧边受拉），吊车横向水平力作用于 A 柱时荷载标准值产生的弯矩为 $40.2\text{kN}\cdot\text{m}$，左来风荷载标准值产生的弯矩为 $148.5\text{kN}\cdot\text{m}$。试求其弯矩组合设计值。

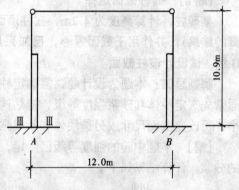

题图1 题7附图

解题思路：在《建筑结构荷载规范》（GB 50009—2001）中，对于荷载基本组合，提出了荷载效应组合设计值的两种计算公式，即式（5-3）和式（5-4），然后取其中最不利者进行设计。

【解】 按式（5-3）和式（5-4）两种设计表达式计算。

1. 按式（5-3）计算

左来风荷标准值产生的弯矩最大，可定为 S_{Q1} 项，则有
$$M_{G_k} = -0.5\text{kN}\cdot\text{m},$$

$$M_{Q_{1k}} = 148.5 \text{kN} \cdot \text{m}, \quad M_{Q_{2k}} = -0.4 \text{kN} \cdot \text{m},$$
$$M_{Q_{3k}} = 33.8 \text{kN} \cdot \text{m}, \quad M_{Q_{4k}} = 40.2 \text{kN} \cdot \text{m}$$

荷载组合值系数 $\psi_{ci} = 0.7$。A 柱截面Ⅲ-Ⅲ处弯矩组合设计值为

$$M = \gamma_G M_{G_k} + \gamma_{Q1} M_{Q_{1k}} + \sum_{i=2}^{4} \gamma_{Q_i} \psi_{ci} M_{Q_{ik}}$$
$$= 1.2(-0.5) + 1.4 \times 148.5 + 1.4 \times 0.7(-0.4 + 33.8 + 40.2)$$
$$= 279.4 \text{kN} \cdot \text{m}$$

如按简化公式（5-5）计算，则

$$M = \gamma_G M_{G_k} + \psi \sum_{i=1}^{4} \gamma_{Q_i} M_{Q_{ik}}$$
$$= 1.2(-0.5) + 0.9 \times 1.4(148.5 - 0.4 + 33.8 + 40.2)$$
$$= 279.2 \text{kN} \cdot \text{m}，与上述结果相差无几。$$

2. 按式（5-4）计算

$$M = \gamma_G M_{G_k} + \sum_{i=1}^{4} \gamma_{Q_i} \psi_{ci} M_{Q_{ik}}$$
$$= 1.35(-0.5) + 1.4 \times 0.7(148.5 - 0.4 + 33.8 + 40.2)$$
$$= 217.0 \text{kN} \cdot \text{m}$$

可见如仅以弯矩而言，按式（5-3）算得的值为最不利。这与一般多层民用房屋中的墙、柱内力，通常受式（5-4）控制有所不同。

【题8】 砖柱截面选择

某砖柱，计算高度为 **4.2m**，在柱顶面由荷载设计值产生的压力为 **280kN**（按式 5-4 计算的结果），并作用于截面重心，已知采用烧结粉煤灰砖为 **MU10**，施工质量控制等级为 **B 级**。试设计该柱截面。

解题思路： 本题为设计题，需确定柱截面尺寸和砂浆强度等级。对于砌体结构设计，通常先选定块体和砂浆强度等级，初估构件截面尺寸，再校核承载力。如承载力过大或过小，可改变截面尺寸或另选块体和砂浆强度等级，直至达到满意的结果为止。

【解】 本题中砖的强度等级已给定，现假定三种截面尺寸（题图2）和三种强度等级的砂浆。计算结果如下。

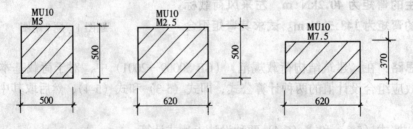

题图2 题8附图

（1）截面尺寸为 500mm×500mm，采用水泥混合砂浆 M5。

计算时应计入柱自重，则作用于柱底截面的轴心力为

$$N = 280 + 1.35(18 \times 0.5 \times 0.5 \times 4.2) = 305.5 \text{kN}$$

因柱截面面积 $A = 0.5 \times 0.5 = 0.25\text{m}^2 < 0.3\text{m}^2$，故需对砌体抗压强度设计值作调整，由表4-1第2项，

$$\gamma_a = 0.7 + A = 0.7 + 0.25 = 0.95$$

由 MU10 和 M5 得 $f = 0.95 \times 1.50 = 1.43\text{MPa}$

柱高厚比 $\beta = H_0/h = 4.2/0.5 = 8.4$，由式（6-11）得 $\varphi_0 = 0.9$。按式（6-1），

$$\varphi_0 f A = 0.9 \times 1.43 \times 0.25 \times 10^3 = 321.7\text{kN} > 305.5\text{kN}$$

（2）截面尺寸为 500mm×620mm，采用水泥混合砂浆 M2.5。

此时 $N = 280 + 1.35(18 \times 0.5 \times 0.62 \times 4.2) = 311.6\text{kN}$

$A = 0.5 \times 0.62 = 0.31\text{m}^2 > 0.3\text{m}^2$，得 $\gamma_a = 1$

由 MU10 和 M2.5 得 $f = 1.30\text{MPa}$

$\beta = 8.4$，得 $\varphi_0 = 0.88$

按式（6-1），

$$\varphi_0 f A = 0.88 \times 1.30 \times 0.31 \times 10^3 = 354.6\text{kN} > 311.6\text{kN}$$

（3）截面尺寸为 370mm×620mm，采用水泥混合砂浆 M7.5。

此时 $N = 280 + 1.35(18 \times 0.37 \times 0.62 \times 4.2) = 303.4\text{kN}$

$A = 0.37 \times 0.62 = 0.229\text{m}^2 < 0.3\text{m}^2$

$\gamma_a = 0.7 + 0.229 = 0.929$

由 MU10 和 M7.5 得 $f = 0.929 \times 1.69 = 1.57\text{MPa}$

$\beta = 4.2/0.37 = 11.35$。得 $\varphi_0 = 0.838$

按式（6-1），

$$\varphi_0 f A = 0.838 \times 1.57 \times 0.229 \times 10^3 = 301.3\text{kN}，与 303.4\text{kN} 相差不到 1\%。$$

计算结果表明，上述三种方案下砖柱的受压载承力均符合要求。在工程设计中，应根据适用、经济等要求，结合上述计算结果进行综合分析，以确定最后采用的方案。

【题9】矩形截面受压构件承载力校核

某柱，采用蒸压灰砂砖 **MU10**、水泥混合砂浆 **M5** 砌筑，施工质量控制等级为 **B** 级。柱的截面尺寸为 **490mm×620mm**，计算高度为 **5.4m**。试核算在题图3所示三种偏心距的轴向压力作用下该柱的承载力。

解题思路：砌体是一种脆性材料，对于受压构件，轴向力的偏心距对承载力的影响尤为显著。解题时，一定要使轴向力的偏心距符合限值的要求，并注意平面外承载力的验算。

【解】

1. 题图3（a）情况

已知荷载设计值产生的偏心距 $e = 90\text{mm}$

$$e/h = 0.09/0.62 = 0.145, e/y = 2 \times 0.145 = 0.29 < 0.6$$

柱高厚比 $\beta = H_0/h = 5.4/0.62 = 8.7$

影响系数 φ 可查"规范"中的表。这里，按式（6-10）进行计算。其中稳定系数（式 6-11）

$$\varphi_0 = \frac{1}{1 + \eta \beta^2} = \frac{1}{1 + 0.0015 \times 8.7^2} = 0.898$$

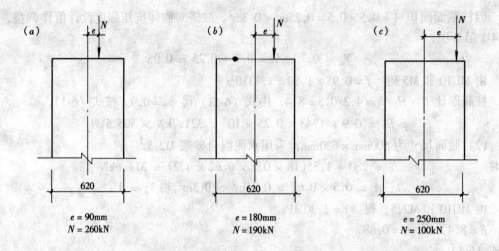

题图 3 题 9 附图

从而得

$$\varphi = \frac{1}{1+12\left[0.145+\sqrt{\frac{1}{12}\left(\frac{1}{0.898}-1\right)}\right]^2} = 0.59$$

因截面面积 $A = 0.49 \times 0.62 = 0.304\text{m}^2 > 0.3\text{m}^2$，取 $\gamma_a = 1$，得 $f = 1.50\text{MPa}$。按式(6-1)，

$$\varphi f A = 0.59 \times 1.50 \times 0.304 \times 10^3 = 269.0\text{kN} > 260\text{kN}$$

该柱为矩形截面，还应对较小边长方向作轴心受压承载力验算。计算时需注意柱的高厚比与上面的值不相等。

$$\beta = H_0/b = 5.4/0.49 = 11.0$$

由式（6-11）

$$\varphi_0 = \frac{1}{1+0.0015 \times 11.0^2} = 0.85$$

因 $\varphi_0 = 0.85$ 大于上述 $\varphi = 0.59$，其受压承载力足够。

比较上面两种结果可知，该柱安全。

2. 题图 3 (b) 情况

已知荷载设计值产生的偏心距 $e = 180\text{mm}$

$$e/h = 0.18/0.62 = 0.29, e/y = 2 \times 0.29 = 0.58 < 0.6$$

$\beta = 8.7$，经计算得 $\varphi = 0.36$。

按式（6-10），

$$\varphi f A = 0.36 \times 1.50 \times 0.304 \times 10^3 = 164.2\text{kN} < 190.0\text{kN}$$

平面外轴心受压承载力验算同上。题图 3 (b) 情况下，虽平面外的轴心受压承载力满足要求，但平面内的偏心受压承载力不足，故仍不安全。

3. 题图 3 (c) 情况

因 $e/h = 0.25/0.62 = 0.40$，$e/y = 2 \times 0.4 = 0.8 > 0.6$，对无筋砌体受压构件不允许偏心距超过该限值，该柱不安全。

【题10】 矩形截面受压短柱承载力比较

某1.5m高的砖柱，截面尺寸为500mm×620mm，当轴向力N的偏心距如题图4所示时，试判别它们受压承载力的大小顺序。

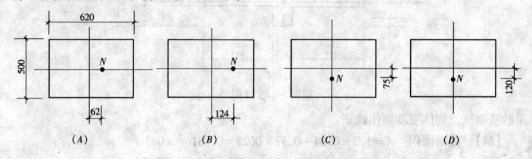

题图4 题10附图

解题思路：该柱高1.5m，且截面较小边长为500mm，其高厚比$\beta = 1.5/0.5 = 3$，属短柱，因而在受压承载力计算时仅考虑偏心距的影响。以上四种情况的偏心距又符合$e < 0.6y$条件，故它们的受压承载力只需根据偏心影响系数α的大小即可判断。

【解】 由式（6-1），得$N \leqslant \alpha A f$
由式（6-8b）

情况A：
$$\frac{e}{h} = \frac{62}{620} = 0.1, \frac{e}{y} = \frac{62}{310} = 0.2 < 0.6$$
$$\alpha_A = \frac{1}{1+12(0.1)^2} = 0.89$$

情况B：
$$\frac{e}{h} = \frac{124}{620} = 0.2, \frac{e}{y} = \frac{124}{310} = 0.4 < 0.6$$
$$\alpha_B = \frac{1}{1+12(0.2)^2} = 0.68$$

情况C：
$$\frac{e}{h} = \frac{75}{500} = 0.15, \frac{e}{y} = \frac{75}{250} = 0.3 < 0.6$$
$$\alpha_C = \frac{1}{1+12(0.15)^2} = 0.79$$

情况D：
$$\frac{e}{h} = \frac{120}{500} = 0.24, \frac{e}{y} = \frac{120}{250} = 0.48 < 0.6$$
$$\alpha_D = \frac{1}{1+12(0.24)^2} = 0.59$$

根据上述计算结果，四种情况下柱的受压承载力的大小顺序为$N_A > N_C > N_B > N_D$。

【题11】 T形截面受压构件承载力计算

某带壁柱砖墙，采用烧结页岩砖MU10、水泥砂浆M5砌筑，施工质量控制等级为B级。柱的计算高度为3.6m。试计算当轴向压力作用于该墙截面重心（O点）及A点时（题图5）的承载力。

解题思路：本题为T形截面构件，计算时不但要先求出截面几何特征值，而且应注意在高厚比、相对偏心距以及承载力的计算中采用相应的截面几何特征值。此外，因采用水

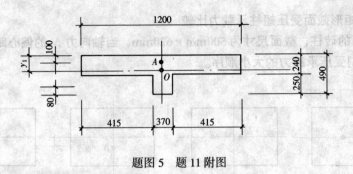

题图 5　题 11 附图

泥砂浆砌筑，砌体强度要作修正。

【解】 截面面积　$A = 1.2 \times 0.24 + 0.37 \times 0.25 = 0.381 \text{m}^2 > 0.3 \text{m}^2$

截面重心位置　$y_1 = \dfrac{1.2 \times 0.24 \times 0.12 + 0.37 \times 0.25 \times 0.365}{0.381}$

$\qquad\qquad\qquad = 0.179 \text{m}$

截面惯性矩　$I = \dfrac{1}{3} 1.2 \times 0.179^3 + \dfrac{1}{3}(1.2 - 0.37)(0.24 - 0.179)^3$

$\qquad\qquad + \dfrac{1}{3} 0.37 \times 0.311^3 = 0.0061 \text{m}^4$

截面回转半径　$i = \sqrt{I/A} = \sqrt{0.0061/0.381} = 0.126 \text{m}$

截面折算厚度　$h_\text{T} = 3.5 i = 3.5 \times 0.126 = 0.441 \text{m}$

(1) 轴向力作用在截面重心时，属轴心受压。

由 MU10 砖和 M5 水泥砂浆得 $f = 1.50 \text{MPa}$，现因采用水泥砂浆，按表 4-1 第 3 项 $\gamma_\text{a} = 0.9$，故应取 $f = 0.9 \times 1.5 = 1.35 \text{MPa}$。

按式 (6-1)，此时墙的受压承载力为

$$\beta = \dfrac{H_0}{h_\text{T}} = \dfrac{3.6}{0.441} = 8.16$$

$$\varphi_0 = \dfrac{1}{1 + 0.0015 \times 8.16^2} = 0.91$$

$$N = \varphi_0 f A = 0.91 \times 1.35 \times 0.381 \times 10^3 = 468.1 \text{kN}$$

(2) 轴向力作用在截面 A 点时，属偏心受压。

其偏心距 $e = y_1 - 0.1 = 0.179 - 0.1 = 0.079 \text{m}$

$\dfrac{e}{h_\text{T}} = \dfrac{0.079}{0.441} = 0.179$，$\dfrac{e}{y_1} = \dfrac{0.079}{0.179} = 0.441 < 0.6$

$$\varphi = \dfrac{1}{1 + 12 \left[0.179 + \sqrt{\dfrac{1}{12}\left(\dfrac{1}{0.91} - 1\right)} \right]^2} = 0.53$$

按式 (6-1)，此时墙的受压承载力为

$$N = \varphi f A = 0.53 \times 1.35 \times 0.381 \times 10^3 = 272.6 \text{kN}$$

【题 12】 双向偏心受压构件承载力计算

某矩形截面砖柱，截面尺寸为 490mm×620mm，用砖 MU15、水泥混合砂浆 M10 砌筑，施工质量控制等级为 B 级。柱的计算高度为 5.2m，作用于柱上的轴向力设计值为 220kN。按荷载设计值计算的偏心距 $e_b = 100$mm，$e_h = 150$mm（题图6）。试验算该柱的受压承载力。

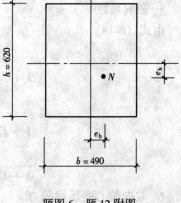

题图6 题12附图

解题思路：砌体结构中，双向偏心受压承载力的计算虽然也采用式 (6-1)，但其中 φ 值应考虑两个方向偏心距的影响，计算中还应校核两个方向的偏心距是否在限值内。

【解】 该柱在截面两个主轴方向都有偏心距，属双向偏心受压。

1. 砌体抗压强度

截面面积 $A = 0.49 \times 0.62 = 0.3038 \text{m}^2 > 0.3 \text{m}^2$

由 MU15 砖和 M10 水泥混合砂浆查得，$f = 2.31$MPa

2. 相对偏心距

$$\frac{e_b}{b} = \frac{0.1}{0.49} = 0.204, \quad e_b = 100\text{mm} < 0.5x = 0.5 \times \frac{490}{2} = 122.5\text{mm}$$

$$\frac{e_h}{h} = \frac{0.15}{0.62} = 0.242, \quad e_h = 150\text{mm} < 0.5y = 0.5 \times \frac{620}{2} = 155\text{mm}$$

3. 稳定系数

$$\beta_b = \frac{H_0}{b} = \frac{5.2}{0.49} = 10.6, \quad \beta_h = \frac{H_0}{h} = \frac{5.2}{0.62} = 8.39$$

由式 (6-11)，

$$\varphi_0 = \frac{1}{1 + 0.0015 \times 10.6^2} = 0.86$$

4. 附加偏心距

由式 (6-21)，

$$e_{ib} = \frac{b}{\sqrt{12}} \sqrt{\frac{1}{\varphi_0} - 1} \left(\frac{e_b/b}{e_b/b + e_h/h} \right)$$

$$= \frac{490}{\sqrt{12}} \sqrt{\frac{1}{0.86} - 1} \left(\frac{0.204}{0.204 + 0.242} \right)$$

$$= 490 \times 0.116 \times 0.457 = 26.0\text{mm}$$

由式 (6-22)，

$$e_{ih} = \frac{h}{\sqrt{12}} \sqrt{\frac{1}{\varphi_0} - 1} \left(\frac{e_h/h}{e_b/b + e_h/h} \right)$$

$$= \frac{620}{\sqrt{12}} \sqrt{\frac{1}{0.86} - 1} \left(\frac{0.242}{0.204 + 0.242} \right)$$

$$= 620 \times 0.116 \times 0.543 = 39.1 \text{mm}$$

5. 影响系数

由式 (6-18),

$$\varphi = \cfrac{1}{1 + 12\left[\left(\cfrac{e_b + e_{ib}}{b}\right)^2 + \left(\cfrac{e_h + e_{ih}}{h}\right)^2\right]}$$

$$= \cfrac{1}{1 + 12\left[\left(\cfrac{100 + 26.0}{490}\right)^2 + \left(\cfrac{150 + 39.1}{620}\right)^2\right]}$$

$$= \cfrac{1}{1 + 12(0.066 + 0.093)} = 0.34$$

6. 双向偏心受压承载力

按式 (6-1)

$$\varphi f A = 0.34 \times 2.31 \times 0.3038 \times 10^3 = 238.6 \text{kN} > 220.0 \text{kN}$$

该柱安全。

【题 13】 砌体局部受压承载力计算

某窗间墙,截面尺寸为 1200mm×190mm,采用烧结多孔砖 MU10、水泥混合砂浆 M5 砌筑,施工质量控制等级为 B 级。墙上支承截面尺寸为 250mm×600mm 的钢筋混凝土梁,梁端荷载设计值产生的支承压力 $N_l = 70.0$kN,上部荷载设计值产生的轴向力 $N_u = 150.0$kN(题图 7a)。验算梁端支承处砌体的局部受压承载力。

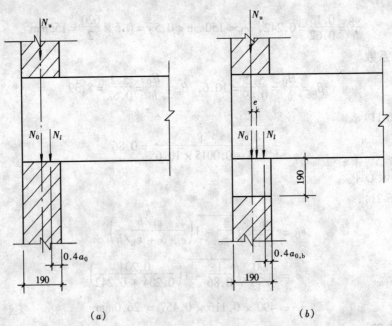

题图 7 题 13 附图

解题思路: 梁端支承处砌体的局部受压,属非均匀局部受压状态,它同时还受到上部荷载的影响,因而在承载力计算中要确定梁端有效支承长度、局部受压面积、上部荷载及其折减系数。为了保证梁端支承处砌体的局部受压承载力,通常在梁端设置预制刚性垫块。

【解】 首先计算梁端支承处砌体局部受压承载力,当其承载力不足时,设法采取措施予以满足。

(一) 梁端支承处砌体局部受压承载力

1. 砌体抗压强度

由 MU10 砖和 M5 水泥混合砂浆得 $f = 1.50\text{MPa}$,因 $A = 1.2 \times 0.19 = 0.228\text{m}^2 < 0.3\text{m}^2$,得 $\gamma_a = 0.228 + 0.7 = 0.928$,应取 $f = 0.928 \times 1.5 = 1.39\text{MPa}$

2. 上部压力的折减

由式 (7-3) (应注意计算时 h_c 的单位为 mm,f 的单位为 MPa,所得 a_0 的单位以 mm 计),

$$a_0 = 10\sqrt{\frac{h_c}{f}} = 10\sqrt{\frac{600}{1.39}} = 207.8\text{mm} > 190\text{mm} \text{(梁的搁置长度)}$$

应取 $a_0 = 190\text{mm}$。

根据梁端搁置在墙上的位置,

$$A_0 = (b + 2h)h = (0.25 + 2 \times 0.19) \times 0.19 = 0.1197\text{m}^2$$
$$A_l = a_0 b = 0.19 \times 0.25 = 0.0475\text{m}^2$$

现 $\dfrac{A_0}{A_l} = \dfrac{0.1197}{0.0475} = 2.52 < 3$,应考虑上部压力的折减。并取

$$\psi = 1.5 - 0.5\frac{A_0}{A_l} = 1.5 - 0.5 \times 2.52 = 0.24$$

3. 上部压力作用于局部受压面积上的轴向力

它是指由 N_u 产生于 A_l 上的 N_0,计算时不能误取 $N_0 = N_u$。为此,须先计算 N_u 在墙体截面内产生的平均压应力,

$$\sigma_0 = \frac{N_u}{A} = \frac{150 \times 10^3}{1200 \times 190} = 0.658\text{MPa}$$

从而得 $\quad N_0 = \sigma_0 A_l = 0.658 \times 0.0475 \times 10^3 = 31.25\text{kN}$

4. 局部受压承载力

由式 (7-7),

$$\gamma = 1 + 0.35\sqrt{\frac{A_0}{A_l} - 1} = 1 + 0.35\sqrt{2.52 - 1} = 1.43 < 1.5 \text{(对多孔砖砌体)}$$

按式 (7-1),

$$\psi N_0 + N_l = 0.24 \times 31.25 + 70 = 77.5\text{kN},\text{并取 } \eta = 0.7,\text{得}$$
$$\eta \gamma f A_l = 0.7 \times 1.43 \times 1.39 \times 0.0475 \times 10^3 = 66.1\text{kN} < 77.5\text{kN}$$

表明梁端支承处砌体局部受压不安全。

(二) 设置垫块后的局部受压承载力

当砌体局部受压承载力不足时,可采取增大局部受压面积或提高砌体材料强度等级等措施加以解决。现在梁端下设置 600mm × 190mm × 190mm 的预制混凝土垫块,因自梁边算起的垫块挑出长度为 (600 - 250)/2 = 175mm,小于垫块高度 (190mm),故它属于预制刚性垫块。

1. 刚性垫块上表面的梁端有效支承长度（题图 7b）

按表 7-1 要求，$\dfrac{\sigma_0}{f} = \dfrac{0.658}{1.39} = 0.47$，$\delta_1 = 6.31$。代入式（7-5）得

$$a_{0,b} = \delta_1 \sqrt{\dfrac{h_c}{f}} = 6.31 \sqrt{\dfrac{600}{1.39}} = 131.0 \text{mm}$$

2. 影响系数

$$A_b = a_b b_b = 0.19 \times 0.6 = 0.114 \text{m}^2$$

垫块面积（A_b）上由 N_u 产生的轴向压力为

$$N_0 = \sigma_0 A_b = 0.658 \times 0.114 \times 10^3 = 75.0 \text{kN（作用于垫块截面的重心）}$$

由此得
$$N_0 + N_l = 75.0 + 70 = 145.0 \text{kN}$$

其合力的偏心距为

$$e = \dfrac{70 \left(\dfrac{0.19}{2} - 0.4 \times 0.131 \right)}{145} = 0.02 \text{m}$$

按构件高厚比 $\beta \leqslant 3$ 计算得影响系数 [即式（6-8b）]，

$$\varphi = \dfrac{1}{1 + 12 \left(\dfrac{e}{h} \right)^2} = \dfrac{1}{1 + 12 \left(\dfrac{0.02}{0.19} \right)^2} = 0.883$$

3. 局部受压承载力

$$A_0 = (b + 2h) h = (0.6 + 2 \times 0.19) \times 0.19 = 0.1862 \text{m}^2$$

$$\dfrac{A_0}{A_b} = \dfrac{0.1862}{0.114} = 1.63$$

由式（7-7），

$$\gamma = 1 + 0.35 \sqrt{\dfrac{A_0}{A_b} - 1} = 1 + 0.35 \sqrt{1.63 - 1} = 1.28 < 1.5$$

$$\gamma_1 = 0.8\gamma = 0.8 \times 1.28 = 1.024 > 1.0$$

按式（7-4）得

$$\varphi \gamma_1 f A_b = 0.883 \times 1.024 \times 1.39 \times 0.114 \times 10^3 = 143.3 \text{kN} \approx 145.0 \text{kN}（N_0 + N_l）$$

计算结果表明，设置上述预制刚性垫块后，梁端支承处砌体局部受压安全。

【题 14】 墙体受剪承载力计算

某房屋中横墙（题图 8），采用混凝土小型空心砌块 MU10（孔洞率 45%）、水泥混合砂浆 Mb5 砌筑，施工质量控制等级为 B 级；截面尺寸为 5600mm × 190mm；由恒荷载标准值产生于墙体水平截面上的平均压应力为 0.5MPa，作用于墙体的水平剪力设计值为 200.0kN。试验算该墙的受剪承载力。

解题思路：墙体的受剪承载力与砌体抗剪强度（f_{v0}）和截面上的垂直压应力（σ_0）密切相关，按式（3-5）计算时，剪压复合受力影响系数

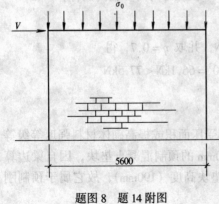

题图 8 题 14 附图

要针对不同的荷载效应组合而取值。对于混凝土空心砌块墙体，当受剪承载力不足时，采用灌孔砌体，效果显著。

【解】 按式（5-3）和式（5-4）的要求进行验算。

（一）空心砌块墙体的受剪承载力

由 MU10 砌块和 Mb5 水泥混合砂浆，得 $f_{v0} = 0.06$ MPa，$f = 2.22$ MPa。

1. $\gamma_G = 1.2$ 时

$$\sigma_0 = 1.2 \times 0.5 = 0.6 \text{MPa}$$

$$\frac{\sigma_0}{f} = \frac{0.6}{2.22} = 0.27 < 0.8$$

由式（3-6a），$\mu = 0.26 - 0.082 \dfrac{\sigma_0}{f} = 0.26 - 0.082 \times 0.27 = 0.24$

$$\alpha\mu = 0.64 \times 0.24 = 0.154$$

按式（3-5），

$$(f_{v0} + \alpha\mu\sigma_0)A = (0.06 + 0.154 \times 0.6) \times 5600 \times 190 \times 10^{-3}$$
$$= 162.1 \text{kN} < 200.0 \text{kN}$$

2. $\gamma_G = 1.35$ 时

$$\sigma_0 = 1.35 \times 0.5 = 0.675 \text{MPa}$$

$$\frac{\sigma_0}{f} = \frac{0.675}{2.22} = 0.30 < 0.8$$

由式（3-6b），$\mu = 0.23 - 0.065 \dfrac{\sigma_0}{f} = 0.23 - 0.065 \times 0.3 = 0.21$

$$\alpha\mu = 0.66 \times 0.21 = 0.14$$

按式（3-5），

$$(f_{v0} + \alpha\mu\sigma_0)A = (0.06 + 0.14 \times 0.675) \times 5600 \times 190 \times 10^{-3}$$
$$= 164.4 \text{kN} < 200.0 \text{kN}$$

以上结果表明，在两种荷载效应组合下，该混凝土空心砌块墙体的受剪承载力均不满足要求。

（二）灌孔砌体的受剪承载力

为提高该墙的抗剪强度，采用 Cb20 混凝土灌孔（$f_c = 9.6$ MPa），灌孔率 33%。

由式（2-5），

$$f_g = f + 0.6\alpha f_c = 2.22 + 0.6 \times 0.45 \times 0.33 \times 9.6 = 3.08 \text{MPa} < 2f$$

由式（3-10），

$$f_{vg} = 0.2 f_g^{0.55} = 0.2 \times 3.08^{0.55} = 0.37 \text{MPa}$$

1. $\gamma_G = 1.2$ 时

$$\frac{\sigma_0}{f_g} = \frac{0.6}{3.08} = 0.19$$

$$\mu = 0.26 - 0.082 \times 0.19 = 0.244, \quad \alpha\mu = 0.64 \times 0.244 = 0.16$$

按式（3-5），

$$(f_{vg} + \alpha\mu\sigma_0)A = (0.37 + 0.16 \times 0.6) \times 5600 \times 190 \times 10^{-3}$$

$$= 495.8 \text{kN} > 200.0 \text{kN}$$

2. $\gamma_G = 1.35$ 时

$$\frac{\sigma_0}{f_g} = \frac{0.675}{3.08} = 0.22$$

$$\mu = 0.23 - 0.065 \times 0.22 = 0.22, \quad \alpha\mu = 0.66 \times 0.22 = 0.14$$

按式 (3-5)

$$(f_{vg} + \alpha\mu\sigma_0)A = (0.37 + 0.14 \times 0.675) \times 5600 \times 190 \times 10^{-3}$$

$$= 494.2 \text{kN} > 200.0 \text{kN}$$

灌孔后，该墙体的受剪承载力均满足要求。

【题15】 网状配筋砖砌体受压构件承载力计算

某 4m 高砖柱，上下端为不动铰支承，采用 MU10 砖和 M5 水泥混合砂浆，施工质量控制等级为 B 级。截面尺寸限定为 500mm×500mm，承受荷载设计值产生的轴心压力为 500kN。试设计该柱。

解题思路：对于轴向力的偏心距及高厚比均不大的受压墙、柱，当其截面尺寸受到限制时，可采用网状配筋提高墙、柱的承载力。

【解】 由 MU10 砖和 M5 水泥混合砂浆，得砌体抗压强度设计值为 1.5MPa，

因柱截面面积 $A = 0.5 \times 0.5 = 0.25 \text{m}^2 < 0.3 \text{m}^2$

由表 4-1 第 2 项，$\gamma_a = 0.7 + A = 0.7 + 0.25 = 0.95$

应取砌体抗压强度设计值 $f = 0.95 \times 1.5 = 1.43 \text{MPa}$

柱的计算高度 $H_0 = 1.0H = 1 \times 4 = 4\text{m}$

柱的高厚比 $\beta = H_0/h = 4/0.5 = 8 < [\beta] = 16$

由式 (6-11)，$\varphi_0 = 0.91$

按式 (6-1)，$\varphi f A = 0.91 \times 1.43 \times 500 \times 500 \times 10^{-3} = 325.3 \text{kN} < 500 \text{kN}$，该柱受压承载力不满足要求。

由于砖柱截面不能增大，现配置网状钢筋。钢筋网由直径为 4mm 的乙级冷拔低碳钢丝经点焊制成，网格尺寸为 60mm×60mm（题图9a），网的间距为 4 皮砖（$s_n = 4 \times 65 = 260\text{mm}$）。

钢筋截面面积 $A_s = 12.6 \text{mm}^2$，钢筋的抗拉强度设计值 $f_y = 320 \text{MPa}$，

配筋率 $\rho = \dfrac{2A_s}{as_n}100 = \dfrac{2 \times 12.6}{60 \times 260} \times 100 = 0.162 \begin{matrix} > 0.1 \\ < 1.0 \end{matrix}$

按表 4-1 第 2 项，因 $A = 0.25\text{m}^2 > 0.2\text{m}^2$，此时 $\gamma_a = 1.0$，即取 $f = 1.5\text{MPa}$。

由式 (8-6) 网状配筋砖砌体的抗压强度设计值

$$f_n = f + 2\left(1 - \frac{2e}{y}\right)\frac{\rho}{100}f_y$$

$$= 1.50 + 2(1 - 0)\frac{0.162}{100} \times 320 = 2.54 \text{MPa}$$

由式 (8-4) 得

$$\varphi_n = \varphi_{on} = \frac{1}{1 + \dfrac{1 + 3\rho}{667}\beta^2} = \frac{1}{1 + \dfrac{1 + 3 \times 0.162}{667} \times 8^2} = 0.875$$

按式（8-5）计算

$\varphi_n f_n A = 0.875 \times 2.54 \times 500 \times 500 \times 10^{-3} = 555.6\text{kN} > 500\text{kN}$，该柱安全。

如所配置的钢筋网网格尺寸改用 120mm×120mm（题图9b），网的间距为2皮砖（$s_n = 2 \times 65 = 130\text{mm}$），因其配筋率 $\rho = \dfrac{2 \times 12.6}{120 \times 130} \times 100 = 0.162$，可见亦满足受压承载力的要求。

另外说明一点，若该柱采用水泥砂浆砌筑，且截面为 370mm×500mm，则按表 4-1 第 2、3 项的要求取 $\gamma_a f$（应注意不能取 $\gamma_a f_n$），其中 $\gamma_a = (0.37 \times 0.5 + 0.8) \times 0.9 = (0.185 + 0.8) \times 0.9 = 0.89$，则以 $f = 0.89 \times 1.5 = 1.34\text{MPa}$ 并经计算选择钢筋网。

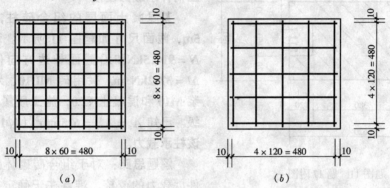

题图9 题15附图

【题16】 砂浆面层组合砖砌体轴心受压构件承载力校核

某砂浆面层的组合砖柱，承受轴心压力为 **450kN**，计算高度 **6m**，截面尺寸及配筋如题图 10 所示。由砖 MU10、水泥混合砂浆 M10 砌筑，面层砂浆为 M10，施工质量控制等级 B 级。试验算该柱的承载力。

解题思路：本题为轴心受压的砂浆面层组合砖柱，应以同强度等级混凝土轴心抗压强度设计值的 70% 作为面层砂浆的轴心抗压强度设计值。该柱的稳定系数由高厚比和配筋率共同确定。

【解】 本题可按下列四个步骤计算。

1. 计算有关面积

砖砌体面积 $A = 370 \times 550 = 203500\text{mm}^2$

砂浆面层面积 $A_c = 2 \times 370 \times 40 = 29600\text{mm}^2$

全部受压钢筋的截面面积 $A_s' = 628\text{mm}^2$

2. 确定材料强度设计值

由 MU10 和 M10，得 $f = 1.89\text{MPa}$（$A > 0.2\text{m}^2$）。面层砂浆的抗压强度设计 $f_e = 3.5\text{MPa}$。受压钢筋的强度设计值 $f_y' = 210\text{MPa}$。

3. 计算稳定系数

组合砖砌体截面的配筋率 $\rho = A_s/bh = 628/370 \times 630 = 0.27\%$，柱的高厚比 $\beta = H_0/b = 6/0.37 = 16.2 < 1.2[\beta] = 1.2 \times 17 = 20.4$。

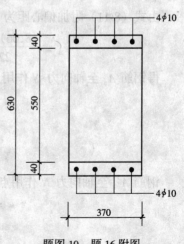

题图10 题16附图

查表8-1，得 $\varphi_{com} = 0.76$。

4. 验算承载力

因采用砂浆面层，受压钢筋的强度系数 $\eta_s = 0.9$。

将上述各值代入式（8-9），得

$$N = 0.76(203500 \times 1.89 + 29600 \times 3.5 + 0.9 \times 628 \times 210) \times 10^{-3}$$
$$= 461.2 \text{kN} > 450 \text{kN}，该柱安全。$$

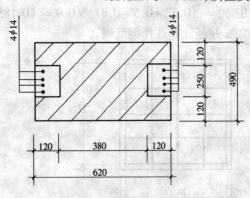

题图11 题17附图一

【题17】 混凝土面层组合砖砌体偏心受压构件承载力校核

某混凝土面层的组合砖柱，计算高度5m，截面尺寸如题图11所示。承受轴向力 $N = 910.5$ kN 和沿截面长边方向作用的弯矩 $M = 37.2$ kN·m。采用砖 MU10、水泥混合砂浆 M10 和混凝土 C20，施工质量控制等级 B级。已知 $A_s = A'_s = 615 \text{mm}^2$（4$\phi$14）。试验算该柱承载力。

解题思路：对于组合砖砌体偏心受压构件承载力的校核，难点在于确定截面受压区高度和由此判别大、小偏心受压。计算 S_N，$S_{c,N}$ 等参数时，要按规定的方向取正、负号。否则，很易产生错误。

【解】 本题可按下列五个步骤进行计算。

1. 确定各材料的强度设计值

$f = 1.89$MPa（因砌体截面面积 $A = 0.38 \times 0.49 + 4 \times 0.12 \times 0.12 = 0.2438\text{m}^2 > 0.2\text{m}^2$，$\gamma_a = 1.0$），$f_c = 9.6$MPa，$f'_y = 210$MPa。

2. 计算有关偏心距

轴向力的初始偏心距 $e = M/N = 37.2 \times 10^3/910.5$
$$= 40.8 \text{mm} > 0.05h = 0.05 \times 620 = 31 \text{mm}。$$
$$\beta = H_0/h = 5/0.62 = 8.06$$

由式（8-11）附加偏心距为

$$e_a = \frac{(8.06)^2 \times 620}{2200}(1 - 0.022 \times 8.06) = 15.06 \text{mm}$$

得钢筋 A_s 至轴向力 N 作用点的距离（式8-16），

$$e_N = e + e_a + (h/2 - a)$$
$$= 40.8 + 15.06 + \left(\frac{620}{2} - 35\right)$$
$$= 330.86 \text{mm}$$

钢筋 A'_s 至轴向力 N 作用点的距离（式8-17），

$$e'_N = (e + e_a) - (h/2 - a')$$
$$= (40.8 + 15.06) - \left(\frac{620}{2} - 35\right)$$

= -219.14mm，负号表示 N 作用在 A_s 与 A'_s 之间（题图12所示）
（若解得 e'_N 为正值，表示 N 作用在 A_s 与 A'_s 之外，则为图 8-3b 所示）。

3. 计算受压区高度并判别大、小偏心受压

设受压区高度为 x。为了便于计算有关面积，令 $x' = x - 500$（见题图12）

砖砌体受压部分的面积对轴向力 N 作用点的面积矩（力矩反时针者为正号）为

$$S_N = 2 \times 120 \times 120 \left(\frac{620}{2} - 40.8 - 15.06 - 60\right)$$
$$- 380 \times 490(40.8 + 15.06) - 2$$
$$\times 120x'(380/2 + x'/2 + 40.8 + 15.06)$$
$$= -4809900 - 59006.4x' - 120x'^2$$

混凝土面层受压部分面积对轴向力 N 作用点的面积矩为

$$S_{c,N} = 250 \times 120(620/2 - 40.8 - 15.06 - 60)$$
$$- 250x'(x'/2 + 380/2 + 40.8 + 15.06)$$
$$= 5824200 - 61465x' - 125x'^2$$

由式（8-12），钢筋 A_s 的应力 $\sigma_s = 650$

$-800\dfrac{x}{h_0} = 650 - 800\dfrac{500 + x'}{620 - 35} = -(33.5 + 1.367x')$。负号表示为压应力。

对于混凝土面层，$\eta_s = 1.0$。

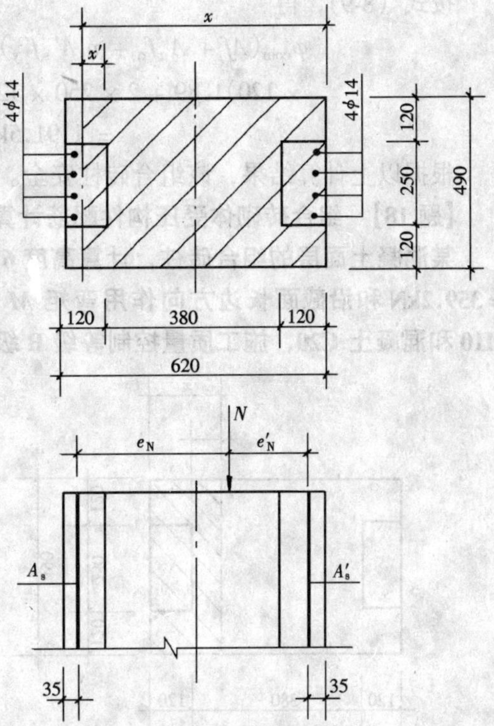

按截面内力对轴向力 N 作用点的力矩平衡条件，即将以上各值代入式（8-15），得

$$(-4809900 - 59006.4x' - 120x'^2)1.89 + (5824200 - 61465x'$$
$$- 125x'^2)9.6 + 615 \times 219.14 \times 210 - 615 \times 330.86 \times (33.5 + 1.367x') = 0$$

化简得 $\qquad x'^2 + 686.7x' - 47874.3 = 0$

解上式得 $x' = 63.8$mm，即 $x = 500 + 63.8 = 563.8$mm。

$\xi = x/h_0 = 563.8/585 = 0.96 > 0.5$，属小偏心受压。

4. 计算偏心受压时的承载力

砖砌体受压部分面积 $A' = 380 \times 490 + 2 \times 120 \times 120 + 2 \times 63.8 \times 120$
$$= 230312 \text{mm}^2$$

混凝土面层受压部分面积 $A'_C = 120 \times 250 + 63.8 \times 250 = 45950 \text{mm}^2$

按式（8-13），该组合砖柱偏心受压时的承载力为

$$A'f + A_c f_c + \eta_s A'_s f_y - A_s \sigma_s = [228999.2 \times 1.89 + 44582.5$$
$$\times 9.6 + 615 \times 210 + 615(33.5 + 1.376 \times 63.8)]10^{-3} = 1066.2\text{kN} > 910.5\text{kN}$$

5. 验算轴心受压时的承载力

该组合砖柱属小偏心受压，还需对它在平面外按轴心受压时的承载力进行校核。

题图12 题17附图二

$$\rho = \frac{A_s + A'_s}{bh} = \frac{2 \times 615}{490 \times 620} = 0.405\%,且配筋率符合构造要求。$$

$\beta = H_0/b = 5/0.49 = 10.2$。查表 8-1,$\varphi_{com} = 0.92$。

按式 (8-9),得

$$\varphi_{com}(Af + A_c f_c + \eta_s A'_s f_y) = 0.92[(380 \times 490 + 4 \times 120 \\ \times 120)1.89 + 2 \times 250 \times 120 \times 9.6 + 2 \times 615 \times 210]10^{-3} \\ = 1191.5\text{kN} > 910.5\text{kN}$$

根据以上计算结果,该组合砖柱安全。

【题 18】 组合砖砌体受压构件配筋计算

某混凝土面层的组合砖柱,计算高度 **6.7m**,截面尺寸如题图 **13** 所示。承受轴向力 N = **359.2kN** 和沿截面长边方向作用弯矩 M = **171.8kN·m**。采用砖 **MU10**、水泥混合砂浆 **M10** 和混凝土 **C20**,施工质量控制等级 **B** 级。按对称配筋计算柱截面配筋。

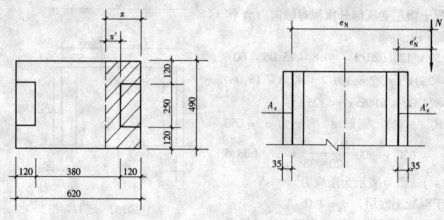

题图 13 题 18 附图一

解题思路:在组合砖砌体偏心受压构件的配筋计算中,为了确定截面受压区高度并判别大、小偏心受压,通常可先假定为大偏心受压,然后对计算得的受压区高度进行校核,如 $\xi < \xi_b$,上述假定成立。否则,改按小偏心受压进行配筋计算。

【解】 本题可按下列四个步骤进行计算。

1. 确定各材料的强度设计值

$$f = 1.89\text{MPa}, f_c = 9.6\text{MPa}, f_y = f'_y = 210\text{MPa}。$$

2. 计算受压区高度并判别大、小偏心受压

因 $e = M/N = 171.8 \times 10^3/359.2 = 478.3\text{mm}$,先假定该柱为大偏心受压。由于截面采用对称配筋,且对混凝土面层 $\eta_s = 1.0$,于是有 $\eta_s A'_s f_y = A_s \sigma_s = A_s f_y$。则式 (8-13) 可简化为

$$N = fA' + f_c A'_c$$

设受压区高度为 x。为便于计算,令 $x' = x - 120$(题图 13)。由上式得

$$300 \times 10^3 = (2 \times 120 \times 120 + 490x')1.89 + 250 \times 120 \times 9.6$$

解得

$$x' = \frac{17688}{975.1} = 18.1\text{mm}$$

即
$$x = 120 + 18.1 = 138.1\text{mm}$$
$$\xi = x/h_0 = 138.1/(620-35) = 0.236 < 0.55,\text{故上述大偏心受压假定成立。}$$

3. 计算有关面积矩和偏心距

先计算砌体受压部分的面积及混凝土面层受压部分的面积对钢筋 A_s 重心的面积矩（注意这里是对 A_s 取矩，与题 17 中的计算不同）。

$$S_s = 2 \times 120 \times 120(585-60) + 490 \times 18.1\left(585 - 120 - \frac{18.1}{2}\right)$$
$$= 19.16 \times 10^6 \text{mm}^3$$
$$S_{c,s} = 120 \times 250(585-60) = 15.75 \times 10^6 \text{mm}^3$$

再计算偏心距。因 $\beta = H_0/h = 6.7/0.62 = 10.8$，由式（8-11），

$$e_a = \frac{(10.8)^2 \times 620}{2200}(1 - 0.022 \times 10.8) = 25.06\text{mm}$$

钢筋 A_s 至轴向力 N 作用点的距离（式 8-16）为

$$e_N = 478.3 + 25.06 + \left(\frac{620}{2} - 35\right) = 778.4\text{mm}$$

4. 计算截面配筋

将以上计算结果代入式（8-14），即

$$359.2 \times 10^3 \times 778.4 = 19.16 \times 10^6 \times 1.89 + 15.75 \times 10^6 \times 9.6$$
$$+ (585-35) \times 210 A'_s$$

解得 $A'_s = 798.2\text{mm}^2$，选用 $2\phi20 + 1\phi16$，实配钢筋面积为 829mm^2。受压或受拉钢筋配筋率 $\rho = 829/490 \times 620 = 0.27\% > 0.2\%$，符合构造要求。截面配筋如题图 14 所示。

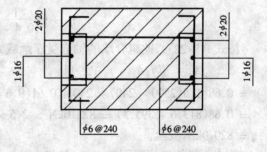

题图 14 题 18 附图二

【题 19】 组合墙的轴心受压承载力计算

某房屋中横墙，采用烧结普通砖 MU10、水泥混合砂浆 M5，施工质量控制等级为 B 级。墙厚为 240mm，计算高度 4.2m，轴心压力为 328kN/m。试按砖砌体和钢筋混凝土构造柱组合墙进行设计。

解题思路：构造柱间距是影响这种组合墙承载力的关键因素，其间距的选择不能过大亦不宜过小。此外，当承载力相差较大时宜适当减小构造柱间距。

【解】 由 MU10 砖和 M5 水泥混合砂浆，查得 $f = 1.50\text{MPa}$。

1. 无筋墙体承载力校核

$$\beta = \frac{H_0}{h} = \frac{4.2}{0.24} = 17.5,\text{由式（6-10）得 }\varphi = 0.68$$

按式（6-1），

$$\varphi fA = 0.68 \times 1.5 \times 0.24 \times 1.0 \times 10^3 = 244.8\text{kN/m} < 328\text{kN/m}。$$

其受压承载力不满足要求。

2. 构造柱间距为 3.5m

现采用组合墙，钢筋混凝土构造柱间距为 3.5m，截面 240mm×240mm，混凝土 C20 ($f_c = 9.6$MPa)，配置 4ϕ12 钢筋 ($f'_y = 210$MPa，$A'_s = 452.4$mm^2)。

因墙体配筋率很小，近似取 $\varphi_{com} = \varphi = 0.68$。

由式 (8-23)，

$$\frac{l}{b_c} = \frac{3.5}{0.24} = 14.6 > 4$$

$$\eta = \left[\frac{1}{\frac{l}{b_c} - 3}\right]^{\frac{1}{4}} = \left[\frac{1}{14.6 - 3}\right]^{\frac{1}{4}} = 0.54$$

按式 (8-22)，得该组合墙的轴心受压承载力为

$\varphi_{com}[fA_n + \eta(f_c A_c + f'_y A'_s)]$

$= 0.68[1.5(3500 - 240) \times 240 + 0.54(9.6 \times 240 \times 240 + 210 \times 452.4)] \times 10^{-3}$

$= 0.68(1173.6 + 349.9) = 1036.0$kN $< 3.5 \times 328$

$= 1148.0$kN，不安全。

3. 构造柱间距为 2.5m

组合墙中钢筋混凝土构造柱同上，但构造柱间距选择为 2.5m。

由式 (8-23)，

$$\frac{l}{b_c} = \frac{2.5}{0.24} = 10.4 > 4$$

$$\eta = \left(\frac{1}{10.4 - 3}\right)^{\frac{1}{4}} = 0.61$$

按式 (8-22)，此组合墙的轴心受载为

$\varphi_{com}[fA_n + \eta(f_c A_c + f'_y A'_s)]$

$= 0.68[1.5(2500 - 240) \times 240 + 0.61(9.6 \times 240 \times 240 + 210 \times 452.4)] \times 10^{-3}$

$= 0.68(813.6 + 395.3) = 822.0$kN $> 2.5 \times 328$

$= 820.0$kN，安全。

故应选择构造柱间距为 2.5m 的组合墙。

【题 20】 配筋混凝土砌块砌体柱的轴心受压承载力计算

某柱计算高度 4m，截面尺寸为 400mm×600mm，承受轴心压力 $N = 1280.0$kN；采用混凝土空心砌块（孔洞率 46%）MU15、水泥混合砂浆 Mb7.5、施工质量控制等级为 B 级。试核算该柱在采用混凝土空心砌块砌体和灌孔混凝土砌块砌体（采用 Cb25 混凝土全灌孔）时的轴心受压承载力，以及计算在采用配筋混凝土砌块砌体柱时的钢筋。

解题思路：混凝土空心砌块砌体、灌孔混凝土砌块砌体及配筋混凝土砌块砌体柱在轴心受压时，其承载力计算的基本原理相同，但在计算的细节上存在差异，应加以注意。

【解】 本柱选用砌块 MU15、砌筑砂浆 Mb7.5 和灌孔混凝土 Cb25（$f_c = 11.9$MPa），满足规定的要求。现按题目要求，分下列三种情况进行计算。

1. 空心砌块砌体柱

因 $A = 0.4 \times 0.6 = 0.24m^2 > 0.2$m^2，此时 $\gamma_a = 1.0$。但本柱为独立柱，应取折减系数 0.7。从而由 MU15、Mb7.5 得 $f = 0.7 \times 3.61 = 2.53$MPa

由式 (6-12a) 和表 6-1，

$$\beta = \gamma_\beta \frac{H_0}{h} = 1.1 \frac{4.0}{0.4} = 11.0$$

由式 (6-11)，$\varphi = \dfrac{1}{1+\eta\beta^2} = \dfrac{1}{1+0.0015\times 11^2} = 0.85$

按式 (6-1)，混凝土空心砌块砌体柱的轴心受压承载力为

$$\varphi fA = 0.85 \times 2.53 \times 0.4 \times 0.6 \times 10^3 = 516.1\text{kN} < 1280.0\text{kN}，该柱不安全。$$

2. 灌孔混凝土砌块砌体柱

因全灌孔，由式 (2-6) $\alpha = \delta\rho = 0.46 \times 1.0 = 0.46$。

由式 (2-5)，

$f_g = f + 0.6\alpha f_c = 2.53 + 0.6 \times 0.46 \times 11.9 = 5.81\text{MPa} > 2f = 2 \times 2.53 = 5.06\text{MPa}$，应取 $f_g = 5.06$MPa。

对于灌孔混凝土砌块砌体，$\gamma_\beta = 1.0$，得

$$\beta = \frac{H_0}{h} = \frac{4}{0.4} = 10.0$$

由式 (9-2)，

$$\varphi_{0g} = \frac{1}{1+0.001\beta^2} = \frac{1}{1+0.001\times 10^2} = 0.91$$

按式 (9-3)

$$\varphi_{0g} f_g A = 0.91 \times 5.06 \times 0.4 \times 0.6 \times 10^3 = 1105.1\text{kN} < 1280.0\text{kN}，该柱不安全。$$

3. 配筋混凝土砌块砌体柱

选用 HPB235 级钢筋，$f'_y = 210$MPa。

按式 (9-1) 得

$$A'_s = \frac{\dfrac{N}{\varphi_{0g}} - f_g A}{0.8 f'_y} = \frac{\dfrac{1280 \times 10^3}{0.91} - 5.06 \times 400 \times 600}{0.8 \times 210} = 1144.0\text{mm}^2$$

选用 $6\phi 16$（实配面积 $A'_s = 1206\text{mm}^2$），$\rho = \dfrac{1206}{400\times 600} = 0.50\% > 0.2\%$，箍筋为 $\phi 6@200$。截面配筋如题图 15 所示。

【题 21】 配筋混凝土砌块砌体剪力墙配筋计算

某高层房屋采用配筋混凝土砌块砌体剪力墙承重，其中一墙肢墙高 4.4m，截面尺寸为 190mm × 5500mm，混凝土砌块为 MU20（砌块孔洞率 45%），砌筑砂浆为 Mb15 水泥混合砂浆，灌孔混凝土为 Cb30，施工质量控制等级 A 级。作用于该墙肢的内力 $N = 1935.0$kN，$M = 1770.0$kN·m，$V = 400.0$kN。试计算该墙肢的钢筋。

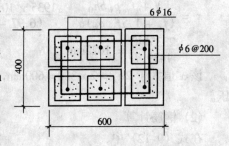

题图 15 题 20 附图

解题思路：为确保配筋混凝土砌块砌体剪力墙承重的高层房屋的可靠度，宜采用 A 级施工质量控制等级，而计算时取用施工质量控制等级为 B 级的强度指标。墙体的配筋

应分别按正截面偏心受压承载力和斜截面受剪承载力进行计算,且所选用的钢筋符合构造要求。

【解】 墙体中的配筋有竖向钢筋和水平钢筋,现分别计算如下。

(一) 竖向钢筋计算

现采用对称配筋。因竖向钢筋包括边缘构件中的受力主筋和竖向分布钢筋,为简化计算,先选择竖向分布钢筋,然后计算受力主筋。

1. 竖向分布钢筋

选用Φ14@600的竖向分布钢筋,其配筋率 $\rho_w = \dfrac{153.9}{190 \times 600} = 0.135\% > 0.07\%$,且间距为600mm、灌孔率 $\rho = 33\%$,均符合规定要求。

2. 边缘构件中的主筋

由MU20砌块和Mb15的砂浆,按施工质量控制等级为B级,$f = 5.68 \text{MPa}$。$f_c = 14.3 \text{MPa}$。

由式 (2-6) 和式 (2-5),$\alpha = \delta\rho = 0.45 \times 0.33 = 0.15$,

$$f_g = f + 0.6\alpha f_c = 5.68 + 0.6 \times 0.15 \times 14.3 = 6.97 \text{MPa} < 2f$$

轴向力的初始偏心距,

$$e = \frac{M}{N} = \frac{1770 \times 10^3}{1935} = 914.7 \text{mm}$$

$\beta = \dfrac{H_0}{h} = \dfrac{4.4}{5.5} = 0.8$,由式 (8-11) 得附加偏心距

$$e_a = \frac{\beta^2 h}{2200}(1 - 0.022\beta) = \frac{0.8^2 \times 5500}{2200}(1 - 0.022 \times 0.8) = 1.57 \text{mm}$$

由式 (8-16) 得

$$e_N = e + e_a + \left(\frac{h}{2} - a_s\right) = 914.7 + 1.57 + \left(\frac{5500}{2} - 300\right) = 3366.3 \text{mm}$$

$$h_0 = h - a'_s = 5500 - 300 = 5200 \text{mm}$$

(1) 判别大、小偏心受压

因采用对称配筋,且选用HRB335级钢筋 ($f_y = 300 \text{MPa}$) 则由式 (9-11) 得

$$x = \frac{N + f_{yw}\rho_w b h_0}{(f_g + 1.5 f_{yw}\rho_w)b} = \frac{1935 \times 10^3 + 300 \times 0.00135 \times 190 \times 5200}{(6.97 + 1.5 \times 300 \times 0.00135) \times 190}$$

$$= \frac{2335140}{1439.7} = 1622 \text{mm}$$

该 x 值大于 $2a'_s = 2 \times 300 = 600 \text{mm}$,小于 $\xi_b h_0 = 0.53 \times 5200 = 2756 \text{mm}$,故属大偏心受压。

(2) 钢筋计算

在式 (9-12) 中,

$$Ne_N = 1935 \times 3366.3 \times 10^{-3} = 6513.8 \text{kN·m}$$

$$-f_g bx\left(h_0 - \frac{x}{2}\right) = -\left[6.97 \times 190 \times 1622\left(5200 - \frac{1622}{2}\right)\right] \times 10^{-6}$$

$$= -9427.6 \text{kN·m}$$

$$0.5 f_{yw}\rho_w b (h_0 - 1.5x)^2 = 0.5 \times 300 \times 0.00135 \times 190 (5200 - 1.5 \times 1622)^2 \times 10^{-6}$$

$$= 294.6 \text{kN} \cdot \text{m}$$

可见按式 (9-12) 解得 $A_s = A'_s < 0$。现选用 3Φ14，配筋率为 $\frac{153.9}{190 \times 200} = 0.405\%$，其承载力足够。

（二）水平钢筋计算

1. 剪力墙截面校核

按式 (9-16)，

$$0.25 f_g bh = 0.25 \times 6.97 \times 190 \times 5500 \times 10^{-3} = 1820.9 \text{kN} > 400.0 \text{kN}$$

该墙截面符合要求

2. 钢筋计算

选用 HPB235 级钢筋，$f_{yh} = 210 \text{MPa}$。

按式 (9-17) 和式 (9-18)，

$$\lambda = \frac{M}{Vh_0} = \frac{1770 \times 10^3}{400 \times 5200} = 0.85 < 1.5, \text{ 取 } \lambda = 1.5; \quad \frac{1}{\lambda - 0.5} = 1.0$$

$$0.25 f_g bh = 1820.9 \text{kN} < 1935.0 \text{kN}, \text{ 取 } N = 1820.9 \text{kN}$$

由式 (3-10)，

$$f_{vg} = 0.2 f_g^{0.55} = 0.2 \times 6.97^{0.55} = 0.58 \text{MPa}$$

满足偏心受压斜截面受剪承载力要求的水平分布钢筋，按下式计算：

$$\frac{A_{sh}}{s} = \frac{V - (0.6 f_{vg} bh_0 + 0.12N)}{0.9 f_{yh} h_0}$$

$$= \frac{400 \times 10^3 - (0.6 \times 0.58 \times 190 \times 5200 + 0.12 \times 1820.9 \times 10^3)}{0.9 \times 210 \times 5200}$$

$$= \frac{400 \times 10^3 - 562.3 \times 10^3}{0.9 \times 210 \times 5200} < 0$$

现选用 2φ12@800，$\frac{A_{sh}}{s} = \frac{113.1}{800} = 0.141$，配筋率 $\frac{2 \times 113.1}{190 \times 800} = 0.149\%$，其承载力足够。

根据上述计算结果，墙肢配筋如题图 16 所示。

【题 22】 墙、柱高厚比验算

某单层单跨房屋，采用装配式有檩体系钢筋混凝土屋盖，带壁柱砖墙承重。房屋跨度为 15m，长度 44m，壁柱间距 4m，如题图 17 所示。墙体采用砖 MU10、砂浆 M5 砌筑。试验算各墙的高厚比。

解题思路：验算带壁柱墙的高厚比，应包括横墙之间整片墙的高厚比验算和壁柱之间墙的局部高厚比验算，二者均应符合规定要求。

【解】 本题需验算房屋的纵墙和山墙的高厚比。

因房屋的屋盖类别为 2 类，山墙（横墙）的间距 $s = 44\text{m}$，$20\text{m} < s < 48\text{m}$，属刚弹性方案。

（一）纵墙高厚比验算

本房屋中的纵墙为带壁柱墙，故不仅验算其整片墙的高厚比，还应验算壁柱间墙的高厚比。

1. 整片墙的高厚比验算

因墙长 $s = 44\text{m}$，由表 12-1 单跨刚弹性方案，$H_0 = 1.2H = 1.2 \times 5.1 = 6.12\text{m}$。

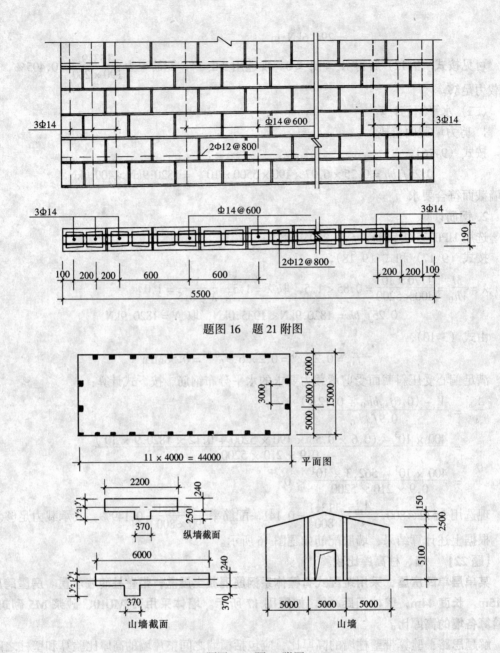

题图 16　题 21 附图

题图 17　题 22 附图

该墙为 T 形截面，故需求折算厚度方可确定高厚比。按理，截面翼缘宽度应取相邻壁柱间的距离，再乘以截面洞口折减系数 μ_2。但分析表明，当翼缘宽度取窗间墙宽度，并乘以 μ_2 后，其结果与前者计算方法的结果相近。因此规定采用后者方法，它还可使承载力计算与高厚比验算在计算截面的取法上一致。

带壁柱墙截面面积 $A = 2200 \times 240 + 370 \times 250 = 6.205 \times 10^5 \text{mm}^2$

截面重心位置

$$y_1 = \frac{2200 \times 240 \times 120 + 370 \times 250 \times 365}{620500} = 156.5 \text{mm}$$

$$y_2 = 490 - 156.5 = 333.5\text{mm}$$

截面惯性矩

$$I = \frac{1}{3}[370 \times 333.5^3 + 2200 \times 156.5^3 + (2200 - 370)(240 - 156.5)^3]$$

$$= 7.74 \times 10^9 \text{mm}^4$$

截面回转半径 $i = \sqrt{7.74 \times 10^9 / 6.205 \times 10^5} = 111.69\text{mm}$

截面折算厚度 $h_T = 3.5 \times 111.69 = 390.9\text{mm}$

整片墙的实际高厚比 $\beta = 6120/390.9 = 15.9$

墙上有窗洞，$\mu_2 = 1 - 0.4 \times 1.8/4 = 0.82$。由表 13-1，该墙的容许高厚比 $\mu_2[\beta] = 0.82 \times 24 = 19.7 > 15.9$。故山墙（横墙）之间整片纵墙的高厚比符合要求。

2. 壁柱间墙的高厚比验算

在验算壁柱间墙的高厚比时，不论该房屋属何种静力计算方案，须一律按刚性方案考虑。此时墙厚为240mm，墙长 $s = 4\text{m}$。由表 12-1，因 $s < H$，得 $H_0 = 0.6s = 0.6 \times 4 = 2.4\text{m}$。$\beta = 2400/240 = 10 < 19.7$，符合要求。

（二）山墙高厚比验算

该山墙的高度是变化的，如墙为等厚度，其高度可自基础顶面取至山墙尖高度的二分之一处。现因山墙设有壁柱，其高取壁柱处的高度。该山墙与屋面有可靠的连接，且 $s = 15\text{m}$，由表 12-1，得 $H_0 = 0.4s + 0.2H = 0.4 \times 15 + 0.2 \times 7.6 = 7.52\text{m}$

带壁柱山墙截面面积 $A = 6000 \times 240 + 370 \times 370 = 1.58 \times 10^6 \text{mm}^2$

$$y_1 = \frac{6000 \times 240 \times 120 + 370 \times 370 \times 425}{1580000} = 146.2\text{mm}$$

$$y_2 = 610 - 146.2 = 463.8\text{mm}$$

$$I = \frac{1}{3}[370 \times 463.8^3 + 6000 \times 146.2^3 + (6000 - 370)(240 - 146.2)^3]$$

$$= 2.01 \times 10^{10}\text{mm}^4$$

$$i = \sqrt{2.01 \times 10^{10} / 1.58 \times 10^6} = 112.8\text{mm}$$

$$h_T = 3.5 \times 112.8 = 394.8\text{mm}$$

$$\beta = 7520/394.8 = 19$$

$$\mu_2 = 1 - 0.4 \times 1.5/7.5 = 0.92$$

$$\mu_2[\beta] = 0.92 \times 24 = 22.1 > 19，符合要求。$$

【题 23】 刚性方案房屋墙、柱设计

长沙某四层试验楼，平、剖面如题图 18 所示，砌体施工质量控制等级 B 级。试设计其墙体。

解题思路：房屋中墙体设计受到许多因素的影响，计算时应首先确定静力计算方案，验算高厚比，然后再进行内力分析，最后作承载力校核。在校核墙柱承载力时，采取分层并按控制截面进行计算，可以既方便又易检查错误。

【解】

（一）初步选择墙体材料和截面尺寸

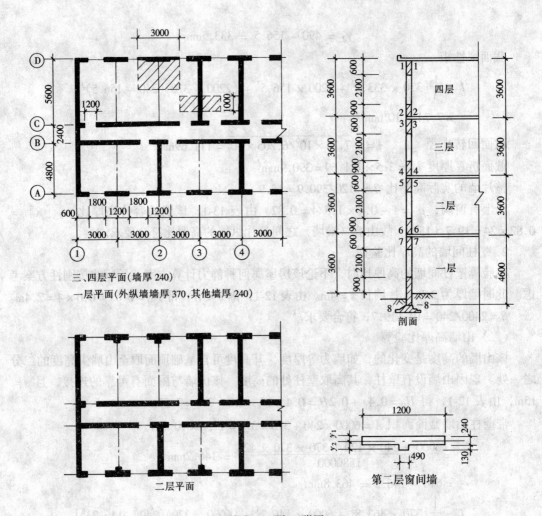

题图 18 题 23 附图

墙体采用的砖、砂浆强度等级和外纵墙截面尺寸如下表所示，内纵墙和横墙厚均为 240mm。

层 数	砖强度等级	砂浆强度等级	外纵墙截面尺寸	f (MPa)（对横墙）	调整后的 f (MPa)（对外纵墙）
第四层	MU10	M2.5	1200×240	1.30	1.28
第三层	MU10	M5.0	1200×240	1.50	1.48
第二层	MU10	M5.0	1200×240+490×130	1.50	1.50
第一层	MU10	M5.0	1200×370	1.50	1.50

（二）确定静力计算方案

本房屋的屋盖和楼盖采用预制钢筋混凝土空心板，属第 1 类屋盖和楼盖；横墙的最大间距为 9m，小于 32m，本房屋属刚性方案。如各层的最大横墙间距不相等时，应由该层的楼盖（或屋盖）类别和最大横墙间距分别予以确定。

本房屋中的横墙也符合刚性方案房屋对横墙的要求。

（三）验算高厚比

不论房屋的静力计算属何方案，墙、柱的高厚比均应符合规定的要求。墙、柱的计算高度和截面尺寸以及砂浆强度等级和墙体开洞大小是影响高厚比的主要因素。一般情况下，顶层墙体砂浆强度等级较低（有时横墙间距亦较大）；底层墙体尽管砂浆强度等级高、墙厚大，但墙、柱高度较大（有时横墙间距亦较大），表明各层墙、柱的高厚比有较大差异，不要只在顶层找一个不利位置验算高厚比。而应针对上述因素的变化，对整幢房屋的墙、柱进行分析比较后，选取最不利位置验算高厚比才是可靠的。

1. 外纵墙

本房屋中第一层墙采用 M5 砂浆，高厚比为 12.4。第四层墙采用 M2.5 砂浆，高厚比为 15。而第二层墙的截面几何特征为：

$$A = 1200 \times 240 + 130 \times 490 = 351700 \text{mm}^2$$

$$y_1 = \frac{(1200-490)240 \times 120 + 370 \times 490 \times 370/2}{351700} = 153.5 \text{mm}$$

$$y_2 = 370 - 153.5 = 216.5 \text{mm}$$

$$I = \frac{1}{3}\left[490 \times 216.5^3 + 1200 \times 153.5^3 + (1200-490)(240-153.5)^3\right]$$

$$= 3.26 \times 10^9 \text{mm}^4$$

$$i = \sqrt{3.26 \times 10^9 / 351700} = 96.3 \text{mm}$$

$$h_T = 3.5 \times 96.3 = 337.0 \text{mm}$$

第二层墙的高厚比 $\beta = 3.6/0.337 = 10.7$。由以上因素可看出，第四层墙的高厚比最不利，故应以其验算。

对于 M2.5 砂浆的墙，$[\beta] = 22$。

取①轴横墙间距最大的一段外纵墙，$H = 3.6\text{m}$，$s = 9\text{m} > 2H = 7.2\text{m}$ 得 $H_0 = 1.0H = 3.6\text{m}$。考虑窗洞的影响，$\mu_2 = 1 - 0.4 \times 1.2/3 = 0.74 > 0.7$。

$$\beta = \frac{3.6}{0.24} = 15 < \mu_2[\beta] = 0.74 \times 22 = 16.28，符合要求。$$

2. 内纵墙

ⓒ轴上横墙间距最大的一段内纵墙上开有两个门洞，$\mu_2 = 1 - 0.4 \times 2.4/9 = 0.89$，大于上述 0.74，故不需验算便可知该墙高厚比符合要求。

3. 横墙

横墙厚 240mm，墙长 $s = 5.6\text{m}$，且墙上无洞口，其允许高厚比较纵墙的允许高厚比有利，不必再作验算。

（四）荷载资料

根据设计要求，荷载资料如下：

1. 屋面恒荷载标准值

屋面找平层、防水层、隔热层	2.5kN/m²
110mm 厚预应力混凝土空心板（包括灌缝）	2.0kN/m²
15mm 厚板底粉刷	$15 \times 0.015 = 0.225$kN/m²
	合计　4.73kN/m²
屋面梁自重	$25 \times 0.2 \times 0.5 = 2.5$kN/m
天沟自重	2.0kN/m

2. 不上人屋面的活荷载标准值 $0.7kN/m^2$

3. 楼面恒荷载标准值

瓷砖地面 $0.6kN/m^2$

110mm 厚预应力混凝土空心板（包括灌缝） $2.0kN/m^2$

15mm 厚板底粉刷 $0.225kN/m^2$

合计 $2.83kN/m^2$

楼面梁自重 $25 \times 0.2 \times 0.5 = 2.5kN/m$

4. 墙体自重标准值

240mm 厚墙体（两面粉刷）自重 $5.24kN/m^2$（按墙面计）

370mm 厚墙体（两面粉刷）自重 $7.71kN/m^2$（按墙面计）

塑框玻璃窗自重 $0.4kN/m^2$（按窗面计）

5. 楼面活荷载标准值

由《建筑结构荷载规范》（GB 50001—2001），试验室的楼面活荷载标准值为 $2.0kN/m^2$。因本试验楼使用荷载较大，根据实际情况楼面活荷载标准值取为 $3.0kN/m^2$。此外，按荷载规范，设计试验楼的墙和基础时，楼面活荷载标准值采用与其楼面梁相同的折减系数，而楼面梁的从属面积为 $5.6 \times 3 = 16.8m^2 < 50m^2$，故楼面活荷载不必折减。

长沙地区的基本风压为 $0.35kN/m^2$，且房屋层高小于4m，房屋总高小于28m，故该设计可不考虑风荷载的影响。

(五) 纵墙承载力计算

1. 选取计算单元

该房屋有内、外纵墙。对于外纵墙，Ⓓ轴墙较Ⓐ轴墙不利。对于Ⓑ、Ⓒ轴内纵墙，走廊楼面传来的荷载，虽使内纵墙上的竖向力有些增加，但梁（板）支承处墙体轴向力的偏心距却有所减小，且内纵墙上的洞口宽度较外纵墙上的小。因此可只在Ⓓ轴取一个开间的外纵墙为计算单元，其受荷面积为 $3.0 \times 2.8 = 8.4m^2$（按理需扣除一部分墙体的面积，这里仍近似地以轴线尺寸计算）。

2. 确定计算截面

通常每层墙的控制截面位于墙顶部梁（或板）底面（如截面1-1）和墙底底面（如截面2-2）处。在截面1-1等处，梁（板）传来的支承压力产生的弯矩最大，且为梁（板）端支承处，其偏心受压和局部受压均不利。在截面2-2等处，则承受的轴心压力最大。

本房屋中第四层和第三层墙体所采用的砖相同，但砂浆强度等级不相同，且轴向力的偏心距不等；第二层和第一层墙体，虽砂浆强度等级相同，但墙的截面尺寸不相等，因此需对截面1-1～8-8的承载力进行计算。

3. 荷载计算

(1) 按一个计算单元，作用于纵墙的荷载标准值如下：

屋面恒荷载 $4.73 \times \dfrac{5.6}{2} \times 3 + (2.5 + 2.0) \times 2.8 = 52.3kN$

屋面活荷载 $0.7 \times 8.4 = 5.9kN$

合计 $58.2kN$

二、三、四层楼面恒荷载 $2.83 \times 8.4 + 2.5 \times 2.8 = 30.8kN$

二、三、四层楼面活荷载 $\quad\quad\quad\quad\quad\quad\quad\quad\quad\quad\quad\quad\quad\quad 3.0 \times 8.4 = 25.2\text{kN}$
$\quad\quad\quad\quad\quad\quad\quad\quad\quad\quad\quad\quad\quad\quad\quad\quad\quad\quad\quad\quad\quad\quad\quad\quad\quad$ 合计 $\quad 56.0\text{kN}$

三、四层墙和窗自重 $\quad\quad 5.24\,(3.0 \times 3.6 - 2.1 \times 1.8) + 0.4 \times 2.1 \times 1.8 = 38.3\text{kN}$
二层墙（包括壁柱）和窗自重 $\quad 38.3 + 18 \times 0.13 \times 0.49 \times 3.6 = 38.3 + 4.1 = 42.4\text{kN}$
一层墙和窗自重 $\quad\quad\quad 7.71\,(3.0 \times 4.6 - 2.1 \times 1.8) + 0.4 \times 2.1 \times 1.8 = 79.0\text{kN}$

(2) 按一个计算单元，作用于纵墙的荷载设计值如下：
用于第一种组合 [即（式5-3）]
屋面恒荷载 $\quad\quad\quad\quad\quad\quad\quad\quad\quad\quad\quad\quad\quad\quad\quad\quad 1.2 \times 52.3 = 62.8\text{kN}$
屋面活荷载 $\quad\quad\quad\quad\quad\quad\quad\quad\quad\quad\quad\quad\quad\quad\quad\quad 1.4 \times 5.9 = 8.3\text{kN}$
$\quad\quad\quad\quad\quad\quad\quad\quad\quad\quad\quad\quad\quad\quad\quad\quad\quad\quad\quad\quad\quad\quad\quad\quad$ 合计 $\quad 71.1\text{kN}$

二、三、四层楼面恒荷载 $\quad\quad\quad\quad\quad\quad\quad\quad\quad\quad\quad\quad\quad 1.2 \times 30.8 = 37.0\text{kN}$

二、三、四层楼面活荷载 $\quad\quad\quad\quad\quad\quad\quad\quad\quad\quad\quad\quad\quad 1.4 \times 25.2 = 35.3\text{kN}$
$\quad\quad\quad\quad\quad\quad\quad\quad\quad\quad\quad\quad\quad\quad\quad\quad\quad\quad\quad\quad\quad\quad\quad\quad$ 合计 $\quad 72.3\text{kN}$

三、四层墙和窗自重 $\quad\quad\quad\quad\quad\quad\quad\quad\quad\quad\quad\quad\quad\quad 1.2 \times 38.3 = 46.0\text{kN}$
二层墙和窗自重 $\quad\quad\quad\quad\quad\quad\quad\quad\quad\quad\quad\quad\quad\quad\quad 1.2 \times 42.4 = 50.9\text{kN}$
一层墙和窗自重 $\quad\quad\quad\quad\quad\quad\quad\quad\quad\quad\quad\quad\quad\quad\quad 1.2 \times 79.0 = 94.8\text{kN}$

用于第二种组合 [即式5-4)]
屋面恒荷载 $\quad\quad\quad\quad\quad\quad\quad\quad\quad\quad\quad\quad\quad\quad\quad\quad 1.35 \times 52.3 = 70.6\text{kN}$
屋面活荷载 $\quad\quad\quad\quad\quad\quad\quad\quad\quad\quad\quad\quad\quad\quad\quad\quad\quad\quad\quad 5.9\text{kN}$
$\quad\quad\quad\quad\quad\quad\quad\quad\quad\quad\quad\quad\quad\quad\quad\quad\quad\quad\quad\quad\quad\quad\quad\quad$ 合计 $\quad 76.5\text{kN}$

二、三、四层楼面恒荷载 $\quad\quad\quad\quad\quad\quad\quad\quad\quad\quad\quad\quad\quad 1.35 \times 30.8 = 41.6\text{kN}$
二、三、四层楼面活荷载 $\quad\quad\quad\quad\quad\quad\quad\quad\quad\quad\quad\quad\quad\quad\quad 25.2\text{kN}$
$\quad\quad\quad\quad\quad\quad\quad\quad\quad\quad\quad\quad\quad\quad\quad\quad\quad\quad\quad\quad\quad\quad\quad\quad$ 合计 $\quad 66.8\text{kN}$

三、四层墙和窗自重 $\quad\quad\quad\quad\quad\quad\quad\quad\quad\quad\quad\quad\quad\quad 1.35 \times 38.3 = 51.7\text{kN}$
二层墙和窗自重 $\quad\quad\quad\quad\quad\quad\quad\quad\quad\quad\quad\quad\quad\quad\quad 1.35 \times 42.4 = 57.2\text{kN}$
一层墙和窗自重 $\quad\quad\quad\quad\quad\quad\quad\quad\quad\quad\quad\quad\quad\quad\quad 1.35 \times 79.0 = 106.7\text{kN}$

4. 控制截面的内力计算

应按式（5-3）和式（5-4）计算两种最不利内力组合值，现分别以下标（1）和（2）表示。

(1) 第四层
第四层截面 1-1 处
由屋面荷载产生的轴向压力设计值
$$N_{1(1)} = 71.1\text{kN}$$
$$N_{1(2)} = 76.5\text{kN}$$

屋、楼面梁端均设有混凝土刚性垫块，$\sigma_0/f = 0$，由表 7-1，$\delta_1 = 5.4$；按式（7-5）

$$a_{0,b} = \delta_1 \sqrt{\frac{h_c}{f}} = 5.4 \sqrt{\frac{500}{1.28}} = 106.7\text{mm}$$

轴向压力的偏心距 $e = \dfrac{h}{2} - 0.4 a_{0,b} = \dfrac{240}{2} - 0.4 \times 106.7 = 77.3\text{mm}$。

第四层截面 2-2 处

轴向压力为上述荷载与本层墙自重之和

$$N_{2(1)} = 71.1 + 46.0 = 117.1 \text{kN}$$
$$N_{2(2)} = 76.5 + 51.7 = 128.2 \text{kN}$$

(2) 第三层

第三层截面 3-3 处

轴向压力为上述荷载与本层楼盖荷载之和

$$N_{3(1)} = 117.1 + 72.3 = 189.4 \text{kN}$$

$N_{3l(1)} = 72.3 \text{kN}$

$$\sigma_{0(1)} = \frac{117.1 \times 10^{-3}}{1.2 \times 0.24} = 0.407 \text{MPa}, \frac{\sigma_{0(1)}}{f} = \frac{0.407}{1.48} = 0.27$$

$$\delta_{1(1)} = 5.8, a_{0,b(1)} = 5.8\sqrt{\frac{500}{1.48}} = 106.6 \text{mm}$$

$$e_{(1)} = \frac{72.3(120 - 0.4 \times 106.6)}{189.4} = 29.5 \text{mm}$$

$$N_{3(2)} = 128.2 + 66.8 = 195.0 \text{kN}$$

$N_{3l(2)} = 66.8 \text{kN}$

$$\sigma_{0(2)} = \frac{128.2 \times 10^{-3}}{1.2 \times 0.24} = 0.445 \text{MPa}, \frac{\sigma_{0(2)}}{f} = \frac{0.445}{1.48} = 0.3$$

$$\delta_{1(2)} = 5.9, a_{0,b(2)} = 5.9\sqrt{\frac{500}{1.48}} = 108.4 \text{mm}$$

$$e_{(2)} = \frac{66.8(120 - 0.4 \times 108.4)}{195.0} = 26.2 \text{mm}$$

第三层截面 4-4 处

轴向压力为上述荷载与本层墙自重之和

$$N_{4(1)} = 189.4 + 46.0 = 235.4 \text{kN}$$
$$N_{4(2)} = 195.0 + 51.7 = 246.7 \text{kN}$$

(3) 第二层

第二层截面 5-5 处

轴向压力为上述荷载与本层楼盖荷载之和

$$N_{5(1)} = 235.4 + 72.3 = 307.7 \text{kN}$$

$N_{5l(1)} = 72.3 \text{kN}$

$$\sigma_{0(1)} = \frac{235.4 \times 10^{-3}}{1.2 \times 0.24 + 0.49 \times 0.13} = 0.67 \text{MPa}, \frac{\sigma_{0(1)}}{f} = \frac{0.67}{1.50} = 0.45$$

$$\delta_{1(1)} = 6.2, a_{0,b(1)} = 6.2\sqrt{\frac{500}{1.5}} = 113.2 \text{mm}$$

$$e_{(1)} = \frac{72.3(216.5 - 0.4 \times 113.2) - 235.4(153.5 - 120)}{307.7} = \frac{4493.3}{307.7} = 14.6 \text{mm}$$

$$N_{5(2)} = 246.7 + 66.8 = 313.5 \text{kN}$$

$N_{5l(2)} = 66.8 \text{kN}$

$$\sigma_{0(2)} = \frac{246.7 \times 10^{-3}}{1.2 \times 0.24 + 0.49 \times 0.13} = 0.70\text{MPa}, \frac{\sigma_{0(2)}}{f} = \frac{0.70}{1.50} = 0.47$$

$$\delta_{1(2)} = 6.3, a_{0,b(2)} = 6.3\sqrt{\frac{500}{1.5}} = 115.0\text{mm}$$

$$e_{(2)} = \frac{66.8(216.5 - 0.4 \times 115.0) - 246.7(153.5 - 120)}{313.5} = \frac{3125.0}{313.5} = 9.97\text{mm}$$

第二层截面 6-6 处

轴向压力为上述荷载与本层墙自重之和

$$N_{6(1)} = 307.7 + 50.9 = 358.6\text{kN}$$

$$N_{6(2)} = 313.5 + 57.2 = 370.7\text{kN}$$

(4) 第一层

第一层截面 7-7 处

轴向压力为上述荷载与本层楼盖荷载之和

$$N_{7(1)} = 358.6 + 72.3 = 430.9\text{kN}$$

$$N_{7l(1)} = 72.3\text{kN}$$

$$\sigma_{0(1)} = \frac{358.6 \times 10^{-3}}{1.2 \times 0.37} = 0.81\text{MPa}, \frac{\sigma_{0(1)}}{f} = \frac{0.81}{1.5} = 0.54$$

$$\delta_{1(1)} = 6.63, a_{0,b(1)} = 6.63\sqrt{\frac{500}{1.5}} = 121.0\text{mm}$$

$$e_{(1)} = \frac{72.3(185 - 0.4 \times 121.0) - 358.6(185 - 146.5)}{430.9} = \frac{-3930.0}{430.9} = -9.1\text{mm}$$

$$N_{7(2)} = 370.7 + 66.8 = 437.5\text{kN}$$

$$N_{7l(2)} = 66.8\text{kN}$$

$$\sigma_{0(2)} = \frac{370.7 \times 10^{-3}}{1.2 \times 0.37} = 0.83, \frac{\sigma_{0(2)}}{f} = \frac{0.83}{1.5} = 0.55$$

$$\delta_{1(2)} = 6.67, a_{0,b(2)} = 6.67\sqrt{\frac{500}{1.5}} = 121.8\text{mm}$$

$$e_{(2)} = \frac{66.8(185 - 0.4 \times 121.8) - 370.7(185 - 146.5)}{437.5} = \frac{-5168.4}{437.5} = -11.8\text{mm}$$

第一层截面 8-8 处

轴向压力为上述荷载与本层墙自重之和

$$N_{8(1)} = 430.9 + 94.8 = 525.7\text{kN}$$

$$N_{8(2)} = 437.5 + 106.7 = 544.2\text{kN}$$

5. 第四层窗间墙承载力验算

(1) 第四层截面 1-1 受压承载力验算

取 $N_1 = 76.5\text{kN}, e = 77.3\text{mm}$

$$\frac{e}{h} = \frac{77.3}{240} = 0.32, \frac{e}{y} = 2 \times 0.32 = 0.64 > 0.6$$

此时，为减小偏心距可增加上部荷载（如设置女儿墙），或增加屋面梁高度，现采用缺口垫块，垫块顶面宽度取 220mm，则

$$e = \frac{220}{2} - 0.4 \times 106.7 = 67.3\text{mm}$$

$$\frac{e}{h} = \frac{67.3}{240} = 0.28, \frac{e}{y} = 2 \times 0.28 = 0.56 < 0.6$$

$$\beta = \frac{3.6}{0.24} = 15, 由式(6\text{-}10) \varphi = 0.27$$

按式（6-1），得

$$\varphi f A = 0.27 \times 1.28 \times 1.2 \times 0.24 \times 10^3 = 99.5\text{kN} > 76.5\text{kN}$$

满足要求。

(2) 第四层截面 1-1 梁端支承处砌体局部受压承载力验算

梁端已设置 560mm × 240mm × 180mm 的预制混凝土刚性垫块，

$$A_0 = (0.56 + 2 \times 0.24) 0.24 = 0.25\text{m}^2$$

$$A_b = 0.56 \times 0.24 = 0.134\text{m}^2$$

$$\frac{A_0}{A_b} = \frac{0.25}{0.134} = 1.87$$

$$\gamma = 1 + 0.35\sqrt{1.87 - 1} = 1.33 < 2, \gamma_1 = 0.8 \quad 0.8 \times 1.33 = 1.06$$

$$\frac{e}{h} = 0.28, 由式(6\text{-}8) \varphi = 0.51$$

按式（7-4），得

$$\varphi \gamma_1 f A_b = 0.51 \times 1.06 \times 1.28 \times 0.134 \times 10^3 = 92.7\text{kN} > 76.5\text{kN}$$

满足要求。

(3) 第四层截面 2-2 受压承载力验算

该截面为轴心受压，$\beta = 15$，由式（6-11）$\varphi = 0.69$

按式（6-1），得

$$\varphi f A = 0.69 \times 1.28 \times 1.2 \times 0.24 \times 10^3 = 254.3\text{kN} > 128.2\text{kN}$$

满足要求。

6. 第三层窗间墙承载力验算

(1) 第三层截面 3-3 受压承载力验算

根据内力分析结果，按较为不利的 $N_{3(1)} = 189.4\text{kN}$、$e_{(1)} = 29.3\text{mm}$ 进行计算。

$$\frac{e}{h} = \frac{29.5}{240} = 0.12, \frac{e}{y} = 2 \times 0.12 = 0.24 < 0.6,$$

$$\beta = \frac{3.6}{0.24} = 15, 由式(6\text{-}10) \varphi = 0.46$$

按式（6-1），得

$$\varphi f A = 0.46 \times 1.48 \times 1.2 \times 0.24 \times 10^3 = 196.1\text{kN} > 189.4\text{kN}$$

满足要求。

(2) 第三层截面 3-3 梁端支承处砌体局部受压承载力验算

A_0、A_b 及 γ 值同上。

由 $\sigma_0 = 0.407\text{MPa}$，得 $N_0 = \sigma_0 A_b = 0.407 \times 0.134 \times 10^3 = 54.5\text{kN}$

$$N_0 + N_l = 54.5 + 72.3 = 126.8\text{kN}$$

$$e = \frac{72.3(0.12 - 0.4 \times 0.1066)}{126.8} = 0.044\text{m}$$

由 $\frac{e}{h} = \frac{0.044}{0.24} = 0.18$ 和式(6-8)得 $\varphi = 0.72$

按式 (7-4), 得

$$\varphi\gamma_1 f A_b = 0.72 \times 1.06 \times 1.48 \times 0.134 \times 10^3 = 151.4\text{kN} > 126.8\text{kN}$$

满足要求。

(3) 第三层截面4-4受压承验力验算

该截面为轴心受压, $\beta = 15$, 由式 (6-11) $\varphi = 0.75$

按式 (6-1), 得

$$\varphi f A = 0.75 \times 1.48 \times 1.2 \times 0.24 \times 10^3 = 319.7\text{kN} > 246.7\text{kN}$$

满足要求。

7. 第二层窗间墙承载力验算

(1) 第二层截面5-5受压承载力验算

根据内力分析结果, 按较为不利的 $N_{5(1)} = 307.7\text{kN}$、$e_{(1)} = 14.6\text{mm}$ 进行计算。

$$\frac{e}{h_T} = \frac{14.6}{337.0} = 0.04, \frac{e}{y_2} = \frac{14.6}{216.5} = 0.7 < 0.6$$

$$\beta = \frac{3.6}{0.337} = 10.7, 由式(6-10), \varphi = 0.76$$

按式 (6-1), 得

$$\varphi f A = 0.76 \times 1.5 \times 0.3517 \times 10^3 = 400.9\text{kN} > 307.7\text{kN}$$

满足要求。

(2) 第二层截面5-5梁端支承处砌体局部受压承载力验算

梁端已设置 370mm × 490mm × 180mm 的预制混凝土刚性垫块,

$A_0 = 0.37 \times 0.49 = 0.1813\text{m}^2$ (未考虑翼缘部分面积, 只计壁柱面积), 并取 $\gamma_1 = 1.0$。

$$A_b = A_0 = 0.1813\text{m}^2$$

由 $\sigma_0 = 0.67\text{MPa}$, 得 $N_0 = \sigma_0 A_b = 0.67 \times 0.1813 \times 10^3 = 121.5\text{kN}$

$$N_0 + N_l = 121.5 + 72.3 = 193.8\text{kN}$$

$$e = \frac{72.3(0.185 - 0.4 \times 0.1132)}{193.8} = 0.05\text{m}$$

由 $\frac{e}{h} = \frac{0.05}{0.37} = 0.14$ 和式(6-8)得 $\varphi = 0.81$

按式 (7-4), 得

$$\varphi\gamma_1 f A_b = 0.81 \times 1.0 \times 1.5 \times 0.1813 \times 10^3 = 220.3\text{kN} > 193.8\text{kN}$$

满足要求。

(3) 第二层截面6-6受压承载力

该截面为轴心受压, $\beta = 10.7$, 由式 (6-11) $\varphi = 0.85$

按式 (6-1), 得

$$\varphi f A = 0.85 \times 1.5 \times 0.3517 \times 10^3 = 452.9\text{kN} > 370.7\text{kN}$$

8. 第一层窗间墙承载力验算

（1）第一层截面 7-7 受压承载力验算

根据内力分析结果，按较为不利的 $N_{7(2)} = 437.5\text{kN}$、$e_{(2)} = -11.8\text{mm}$ 进行计算。

$$\frac{e}{h} = \frac{11.8}{370} = 0.03, \frac{e}{y} = 2 \times 0.03 = 0.06 < 0.6$$

$$\beta = \frac{4.6}{0.37} = 12.4, \text{由式(6-10)} \varphi = 0.74$$

按式（6-1），得

$$\varphi fA = 0.74 \times 1.5 \times 1.2 \times 0.37 \times 10^3 = 492.8\text{kN} > 437.5\text{kN}$$

满足要求。

（2）第一层截面 7-7 梁端支承处砌体局部受压承载力验算

由式（7-3），$a_0 = 10\sqrt{\dfrac{h_c}{f}} = 10\sqrt{\dfrac{500}{1.5}} = 182.6\text{mm}$

$$A_0 = (0.2 + 2 \times 0.37) \times 0.37 = 0.348\text{m}^2$$

$$A_l = 0.1826 \times 0.2 = 0.036\text{m}^2$$

$$\frac{A_0}{A_l} = \frac{0.348}{0.036} = 9.67 > 3, \text{取 } \psi = 0$$

$$\gamma = 1 + 0.35\sqrt{9.67 - 1} = 2.03, \text{取 } \gamma = 2.0$$

按式（7-1），并取 $\eta = 0.7$，得

$$\eta\gamma fA_l = 0.7 \times 2.0 \times 1.5 \times 0.036 \times 10^3 = 75.6\text{kN} > 72.3\text{kN}$$

该层楼面梁端在不设垫块的情况，其砌体局部受压承载力满足要求。

（3）第一层截面 8-8 受压承载力验算

该截面为轴心受压，$\beta = 12.4$，由式（6-11）$\varphi = 0.81$

按式（6-1），得

$\varphi fA = 0.81 \times 1.5 \times 1.2 \times 0.37 \times 10^3 = 539.5\text{kN}$，它与 $N_{8(2)} = 544.2\text{kN}$ 相差不到 1%，满足要求。

上述第 5、6、7、8 项的计算结果表明，在本题条件下，第二、三、四层窗间墙顶截面（1-1，3-3，5-5 截面）的偏心受压承载力和梁端支承处砌体局部受压承载力基本上由第一种最不利组合内力控制，而其底截面（2-2、4-4、6-6 截面）的轴心受压承载力则由第二种最不利组合内力控制。第一层窗间墙顶、底截面（7-7、8-8 截面）的受压和局部受压承载力基本上由第二种最不利组合内力控制。

为便于查阅和校核，现将窗间墙的受压和局部受压承载力的计算结果汇总如下列二表。

窗间墙受压承载力计算结果汇总

截面 项目	第 四 层		第 三 层		第 二 层		第 一 层	
	1-1	2-2	3-3	4-4	5-5	6-6	7-7	8-8
N（km）	76.5	128.2	189.4	246.7	307.7	370.7	437.5	544.2
e（mm）	67.3	0	29.3	0	14.6	0	11.8	0
$\dfrac{e}{h}\left(\dfrac{e}{h_T}\right)$	0.28	—	0.12	—	0.04	—	0.03	—

续表

项目 \ 截面	第 四 层		第 三 层		第 二 层		第 一 层	
	1-1	2-2	3-3	4-4	5-5	6-6	7-7	8-8
y (mm)	120	—	120	—	216.5	—	185	—
$\frac{e}{y}$ (<0.6)	0.56	—	0.24	—	0.7	—	0.06	—
β	15.0	15.0	15.0	15.0	10.7	10.7	12.4	12.4
φ	0.27	0.69	0.46	0.75	0.76	0.85	0.74	0.81
A (m²)	0.288<0.3	0.288<0.3	0.288<0.3	0.288<0.3	0.3517	0.3517	0.444	0.444
f (MPa)	1.28	1.28	1.48	1.48	1.50	1.50	1.50	1.50
$\varphi f A$ (kN)	99.5>76.5	254.3>128.2	196.1>189.4	319.7>246.7	400.9>307.7	452.9>370.7	492.8>437.5	539.5 与 544.2 相差不到 1%

梁端支承处砌体局部受压承载力计算结果汇总

项目 \ 截面	1-1	3-3	5-5	7-7
垫块尺寸 (mm)	560×240 (220) ×180	560×240×180	370×490×180	—
A_b (m²)	0.134	0.134	0.1813	$A_l = 0.036$
A_0 (m²)	0.25	0.25	0.1813	0.348
$\frac{A_0}{A_b}$	1.87	1.87	1.00	$\frac{A_0}{A_l} = 9.67$
γ	1.33<2.0	1.33<2.0	1.00	2.0
γ_1	1.06	1.06	1.00	—
σ_0 (MPa)	0	0.407	0.67	0
N_0 (kN)	0	54.5	121.5	0
N_l (kN)	76.5	72.3	72.3	72.3
$N_0 + N_l$ (kN)	76.5	126.8	193.8	$\psi N_0 + N_l = 72.3$
e (mm)	67.3	44.0	50.0	—
$\frac{e}{h}$	0.28	0.18	0.14	—
φ	0.51	0.72	0.81	—
f (MPa)	1.28	1.48	1.50	1.50
$\varphi \gamma_1 f A_b$ (kN)	92.7>76.5	151.4>126.8	220.3>193.8	$\eta \gamma f A_l = 75.6 > 72.3$

(六) 横墙承载力计算

以③轴横墙为例，横墙上承受由屋面和楼面传来的均布荷载，可取 1m 宽的墙横进行计算，其受荷面积为 $1m \times 3 = 3m^2$。由于该横墙为轴心受压构件，随着墙体材料、墙体高度的不同，可只验算截面 2-2、6-6 和 8-8 的承载力。

1. 荷载计算

(1) 按一个计算单元，作用于横墙的荷载标准值如下：

屋面恒载荷	$4.73 \times 3 = 14.2 \text{kN/m}$
屋面活载荷	$0.7 \times 3 = 2.1 \text{kN/m}$
二、三、四层楼面恒荷载	$2.83 \times 3 = 8.5 \text{kN/m}$
二、三、四层楼面活荷载	$3.0 \times 3 = 9.0 \text{kN/m}$
二、三、四层墙自重	$5.24 \times 3.6 = 18.9 \text{kN/m}$
一层墙自重	$5.24 \times 4.6 = 24.1 \text{kN/m}$

(2) 按一个计算单元，作用于横墙上的荷载设计值如下：

用于第一种组合 [即式 (5-3)]

屋面恒荷载和活荷载	$1.2 \times 14.2 + 1.4 \times 2.1 = 20.0 \text{kN/m}$
二、三、四层楼面恒荷载和活荷载	$1.2 \times 8.5 + 1.4 \times 9.0 = 22.8 \text{kN/m}$
二、三、四层墙自重	$1.2 \times 18.9 = 22.7 \text{kN/m}$
一层墙自重	$1.2 \times 24.1 = 28.9 \text{kN/m}$

用于第二种组合 [（即式 5-4)]

屋面恒荷载和活荷载	$1.35 \times 14.2 + 2.1 = 21.3 \text{kN/m}$
二、三、四层楼面恒荷载和活荷载	$1.35 \times 8.5 + 9.0 = 20.5 \text{kN/m}$
二、三、四层墙自重	$1.35 \times 18.9 = 25.5 \text{kN/m}$
一层墙自重	$1.35 \times 24.1 = 32.5 \text{kN/m}$

2. 控制截面的内力计算

同样应按式 (5-3) 和式 (5-4) 计算两种最不利内力组合值。

(1) 第四层截面 2-2 处

由屋面荷载和本层墙自重产生的轴心压力设计值

$$N_{2(1)} = 20.0 + 22.7 = 42.7 \text{kN/m}$$

$$N_{2(2)} = 21.3 + 25.5 = 46.8 \text{kN/m}$$

(2) 第二层截面 6-6 处

轴心压力为上述荷载与三、四层楼盖荷载及二、三层墙自重之和

$$N_{6(1)} = 42.7 + 2 \times 22.8 + 2 \times 22.7 = 133.7 \text{kN/m}$$

$$N_{6(2)} = 46.8 + 2 \times 20.5 + 2 \times 25.5 = 138.8 \text{kN/m}$$

(3) 第一层截面 8-8 处

轴心压力为上述荷载与二层楼盖荷载及一层墙自重之和

$$N_{8(1)} = 133.7 + 22.8 + 28.9 = 185.4 \text{kN/m}$$

$$N_{8(2)} = 138.8 + 20.5 + 32.5 = 191.8 \text{kN/m}$$

上述内力的计算结果表明，本房屋横墙的轴心压力以第二种组合值为最不利。

3. 横墙承载力验算

(1) 第四层截面 2-2 受压承载力验算

$$\beta = \frac{3.6}{0.24} = 15, \text{由式}(6\text{-}11) \varphi = 0.69$$

按式 (6-1)，得

$$\varphi f A = 0.69 \times 1.30 \times 1.0 \times 0.24 \times 10^3 = 215.3 \text{kN} > 46.8 \text{kN}$$

满足要求。

(2) 第二层截面6-6受压承载力验算

$$\beta = \frac{3.6}{0.24} = 15, 由式(6-11)\varphi = 0.75$$

按式（6-1），得

$$\varphi f A = 0.75 \times 1.5 \times 1.0 \times 0.24 \times 10^3 = 270.0 \text{kN} > 138.8 \text{kN}$$

满足要求。

(3) 第一层截面8-8受压承载力验算

$$\beta = \frac{4.6}{0.24} = 19.2, 由式(6-11)\varphi = 0.64$$

按式（6-1），得

$$\varphi f A = 0.64 \times 1.5 \times 1.0 \times 0.24 \times 10^3 = 230.4 \text{kN} > 191.8 \text{kN}$$

满足要求。

上述验算结果表明，该横墙有较大的安全储备，其他横墙的承载力均不必验算。

【题24】 刚弹性方案房屋墙、柱内力计算

某厂房采用装配式有檩体系钢筋混凝土屋盖，带壁柱砖墙承重，施工质量控制等级B级。房屋跨度为15m，长度36m，壁柱间距6m，如题图19所示。厂房内设有2台5t、工作级别为A5的电动单梁式吊车。试按式（5-5）要求计算带壁柱墙的内力。

解题思路：单层刚弹性方案房屋墙、柱内力分析的基本方法如16.1节中所述。本题

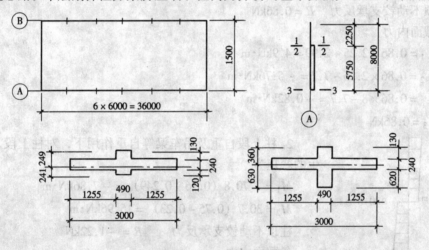

题图19 题24附图一

中，柱在屋盖自重、柱上段自重、吊车梁等自重及屋面活荷载作用下，其内力分析属于一个类型，柱顶均为不动铰支承；在风荷载及吊车荷载作用下，柱内力分析则属于另一个类型，它们均使排架产生水平位移。最后按照既可能而又最不利的原则，进行内力组合。

【解】 本厂房的屋盖类别为2类，横墙间距 $s = 36$m，属刚弹性方案，且 $\eta = 0.68$。

(一) 根据设计资料和式（5-5），经计算作用于柱上的各荷载设计值如下：

1. 结构自重

作用于柱顶的屋盖自重　　　　　　　$1.2 \times 80.5 = 96.6$kN

柱上段自重　　　　　　　　　　　　$1.2 \times 59.0 = 70.8$kN

| 柱下段自重 | $1.2 \times 119.0 = 142.8\text{kN}$ |
| 吊车梁及轨道等自重 | $1.2 \times 25.6 = 30.7\text{kN}$ |

2. 作用于柱顶的屋面活荷载　　$1.4 \times 14.4 = 20.16\text{kN}$

3. 吊车荷载

竖向荷载　　$F_{max} = 1.4 \times 115.8 = 162.12\text{kN}$

$F_{min} = 1.4 \times 26.4 = 37.0\text{kN}$

横向水平荷载　　$H = 1.4 \times 2.3 = 3.22\text{kN}$

4. 风荷载

作用于柱顶的集中风荷载　　$W = 1.4 \times 2.61 = 3.65\text{kN}$

迎风面柱上均布风荷载　　$q_1 = 1.4 \times 2.4 = 3.36\text{kN/m}$

背风面柱上均布风荷载　　$q_2 = 1.4 \times 1.5 = 2.1\text{kN/m}$

（二）在自重作用下的柱内力

在屋盖自重、柱上段自重及吊车梁等自重作用下，因荷载对称，可按柱顶处为不动铰支承进行计算。

1. 屋盖自重作用于距定位轴线 150mm 处，对柱上段及下段产生的弯矩为

$M_1 = 96.6(0.15 - 0.119) = 2.99\text{kN}\cdot\text{m}$

$M_2 = -96.6(0.36 - 0.28) = -7.7\text{kN}\cdot\text{m}$

柱顶不动铰支承反力　　$R = 0.86\text{kN}$

各截面内力

$M_{1-1} = 0.86 \times 2.25 + 2.99 = 4.9\text{kN}\cdot\text{m}$

$M_{2-2} = 0.86 \times 2.25 - 7.7 = -5.76\text{kN}\cdot\text{m}$

$M_{3-3} = 0.86 \times 8 - 7.7 = -0.82\text{kN}\cdot\text{m}$

$V_{3-3} = 0.86\text{kN}$

2. 柱上段自重及吊车梁等自重作用下，对柱上段及下段产生的弯矩为

$M_1 = -70.8(0.36 - 0.249) = -7.86\text{kN}\cdot\text{m}$

$M_2 = 30.7(0.75 - 0.23) = 15.96\text{kN}\cdot\text{m}$

柱顶不动铰支承反力　　$R = -1.22\text{kN}$

各截面内力

$M_{1-1} = -1.22 \times 2.25 = -2.75\text{kN}\cdot\text{m}$

$M_{2-2} = (15.96 - 7.86) - 2.75 = 5.35\text{kN}\cdot\text{m}$

$M_{3-3} = -1.22 \times 8 + 15.96 - 7.86 = -1.66\text{kN}\cdot\text{m}$

$V_{3-3} = -1.22\text{kN}$

由上述两项计算结果，在恒荷载作用下柱截面内力为（题图20）

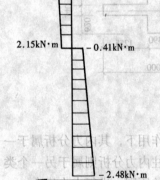

题图20　题24附图二

$M_{1-1} = 4.9 - 2.75 = 2.15\text{kN}\cdot\text{m}$

$M_{2-2} = -5.76 + 5.35 = -0.41\text{kN}\cdot\text{m}$

$M_{3-3} = -0.82 - 1.66 = -2.48 \text{kN·m}$

$V_{3-3} = 0.86 - 1.22 = -0.36 \text{kN·m}$

（三）在屋面活荷载作用下的柱内力

在屋面活荷载作用下，因荷载对称，可按柱顶处为不动铰支承进行计算。与上述运算方法相同，可得柱顶不动铰支承反力 $R = 0.18 \text{kN}$，各截面内力为（题图21）：

$M_{1-1} = 1.02 \text{kN·m}$,

$M_{2-2} = -1.20 \text{kN·m}$,

$M_{3-3} = -0.17 \text{kN·m}$,

$V_{3-3} = 0.18 \text{kN}$。

（四）在风荷载作用下的柱内力

风荷载使排架产生水平位移，须按 16.1 节的步骤计算内力。

1. 在集中风荷载作用下，A、B 轴柱顶、底剪力和截面弯矩为：

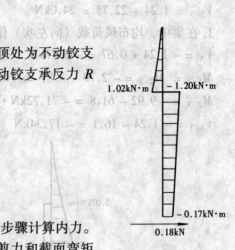

题图21 题24附图三

$V_A = V_B = \dfrac{W}{2}\eta = \dfrac{3.65}{2} \times 0.68 = 1.24 \text{kN}$

$M_{1-1} = M_{2-2} = 1.24 \times 2.25 = 2.79 \text{kN·m}$

$M_{3-3} = 1.24 \times 8 = 9.92 \text{kN·m}$

$V_{3-3} = 1.24 \text{kN}$

2. 在均布风荷载（向右吹）作用下，柱顶为不动铰支承时柱顶反力为 $R_A = -9.18 \text{kN}$，$R_B = 5.74 \text{kN}$，柱顶剪力为

$$V_A = \left(1 - \dfrac{\eta}{2}\right)R_A + \dfrac{\eta}{2}R_B$$
$$= -(1 - 0.68/2)9.81 + (0.68/2)5.74 = -4.1 \text{kN}$$
$$V_B = -0.66 \times 5.74 + 0.34 \times 9.18 = -0.67 \text{kN}$$

A 轴柱截面内力为：

$M_{1-1} = M_{2-2} = -4.1 \times 2.25 + 3.36 \times \dfrac{2.25^2}{2} = -0.72 \text{kN·m}$

$M_{3-3} = -4.1 \times 8 + 3.36 \times \dfrac{8^2}{2} = 74.7 \text{kN·m}$

$V_{3-3} = -4.1 + 3.36 \times 8 = 22.78 \text{kN}$

B 轴柱截面内力为：

$M_{1-1} = M_{2-2} = -0.67 \times 2.25 + 2.1 \dfrac{2.25^2}{2} = 3.81 \text{kN·m}$

$M_{3-3} = -0.67 \times 8 + 2.1 \times \dfrac{8^2}{2} = 61.8 \text{kN·m}$

$V_{3-3} = -0.67 + 2.1 \times 8 = 16.1 \text{kN}$

叠加上述两项计算结果，在集中、均布风荷载（向右吹）作用下，A 轴柱截面内力为（题图22）

$M_{1-1} = M_{2-2} = 2.79 - 0.72 = 2.07 \text{kN·m}$

$M_{3-3} = 9.92 + 74.7 = 84.6 \text{kN} \cdot \text{m}$

$V_{3-3} = 1.24 + 22.78 = 24.0 \text{kN}$

3. 在集中、均布风荷载（向左吹）作用下，A 轴柱截面内力为（题图23）：

$V_A = -1.24 + 0.67 = -0.57 \text{kN}$

$M_{1-1} = M_{2-2} = -2.79 - 3.81 = -6.6 \text{kN} \cdot \text{m}$

$M_{3-3} = -9.92 - 61.8 = -71.72 \text{kN} \cdot \text{m}$

$V_{3-3} = -1.24 - 16.1 = -17.34 \text{kN}$

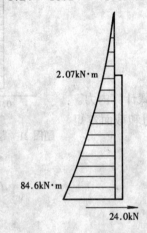

题图 22　题 24 附图四

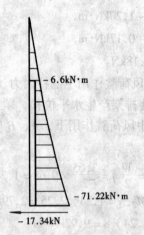

题图 23　题 24 附图五

（五）在吊车荷载作用下的柱内力

吊车竖向荷载和横向水平荷载使排架产生水平位移，须按 16.1 节的步骤计算内力。

1. 当 $F_{\max}$ 作用于 A 轴柱、$F_{\min}$ 作用于 B 轴柱时，柱上产生的弯矩分别为 $M_{\max} = 162.12(0.75 - 0.23) = 84.3 \text{kN} \cdot \text{m}$，$M_{\min} = -37.0(0.75 - 0.23) = 19.2 \text{kN} \cdot \text{m}$。

柱顶不动铰支承反力 $R_A = -12.74 \text{kN}$，$R_B = 2.9 \text{kN}$

柱顶剪力为：

$V_A = -\left(1 - \dfrac{0.68}{2}\right) 12.74 - \dfrac{0.68}{2} 2.9 = -9.39 \text{kN}$

$V_B = 0.66 \times 2.9 + 0.34 \times 12.74 = 6.25 \text{kN}$

A 柱截面内力为（题图24）：

$M_{1-1} = -9.39 \times 2.25 = -21.1 \text{kN} \cdot \text{m}$

$M_{2-2} = -21.1 + 84.3 = 63.2 \text{kN} \cdot \text{m}$

$M_{3-3} = -9.39 \times 8 + 84.3 = 9.18 \text{kN} \cdot \text{m}$

$V_{3-3} = -9.39 \text{kN}$

B 柱截面内力为：

$M_{1-1} = 6.25 \times 2.25 = 14.06 \text{kN} \cdot \text{m}$

$M_{2-2} = 14.06 - 19.2 = -5.14 \text{kN} \cdot \text{m}$

$M_{3-3} = 6.25 \times 8 - 19.2 = 30.8 \text{kN} \cdot \text{m}$

$V_{3-3} = 6.25$ kN

2. 当 F_{min} 作用于 A 轴柱、F_{max} 作用于 B 轴柱时，A 轴柱内力为（题图25）：

$V_A = -6.25$ kN

$M_{1-1} = -14.06$ kN·m

$M_{2-2} = 5.14$ kN·m

$M_{3-3} = -30.8$ kN·m

$V_{3-3} = -6.25$ kN

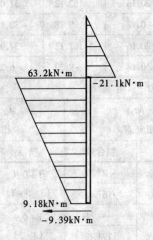

题图24 题24附图六

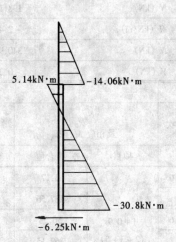

题图25 题24附图七

3. 当 H（向左或向右）作用于 A 轴柱时，柱顶不动铰支承反力 $R_A = \pm 1.99$ kN，柱顶剪力为：

$$V_A = \pm \left(1 - \frac{0.68}{2}\right)1.99 = \pm 1.3 \text{ kN}$$

$$V_B = \mp \frac{0.68}{2}1.99 = \mp 0.68 \text{ kN}$$

A 柱截面内力为（题图26）：

$M_{1-1} = M_{2-2} = \pm 1.31 \times 2.25 \mp 3.22 \times 0.6 = \pm 1.02$ kN·m

（其中0.6为 H 作用点至截面2-2的距离）

$M_{3-3} = \pm 1.81 \times 8 \mp 3.22 \times 6.35 = \mp 9.97$ kN·m

$V_{3-3} = \pm 1.31 \mp 3.22 = \mp 1.91$ kN

（六）内力组合

排架柱控制截面的内力组合，应按照荷载既可能出现而内力又为最不利这一基本原则，详细的组合方法可参阅钢筋混凝土结构的教材。

根据上述，将 A 轴柱内力组合结果列于下表。

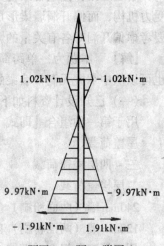

题图26 题24附图八

柱 内 力 组 合 表

截面	荷载项目 内力	恒荷载 1	屋面活荷载 2	吊车荷载		H 5
				F_{max} 作用于 A 柱 3	F_{min} 作用于 A 柱 4	
1-1	M (kN·m)	2.15	1.02	-21.1	-14.06	±1.02
	N (kN)	167.4	20.16	0	0	0
2-2	M (kN·m)	-0.14	-1.20	63.2	5.14	±1.02
	N (kN)	198.1	20.16	162.12	37.01	0
3-3	M (kN·m)	-2.48	-0.17	9.18	-30.8	∓9.97
	N (kN)	340.9	20.16	162.12	37.01	0
	V (kN)	-0.36	0.18	-9.39	-6.25	∓1.91

风荷载		内 力 组 合					
向右吹	向左吹	N_{max} 及相应 M, V		N_{min} 及相应 M, V		M_{max} 或 M_{min} 及相应 N, V	
6	7	项目	组合值	项目	组合值	项目	组合值
2.07	-6.6	1+2	3.17	1+0.9 (3+5+7)	-23.70	1+0.9 (3+5+7)	-23.70
0	0		187.56		167.4		167.4
2.07	-6.6	1+0.9 (2+3+5)	56.58	1+7	-6.74	1+0.9 (3+5)	57.66
0	0		362.15		198.1		344.01
84.6	-71.72	1+0.9 (2+3+5)	14.60	1+6	82.12	1+0.9 (2+4+5+7)	-103.87
0	0		504.95		340.9		392.34
24.0	-17.34		-10.37		23.64		-23.15

【题 25】 墙梁的承载力计算

某商场-旅馆房屋中设置的墙梁如题图 27 所示，试设计该墙梁。

解题思路：按组合结构分析墙梁是一个新的计算方法。无洞墙梁形成带拉杆拱的组合受力机构，而偏开洞墙梁形成梁-拱组合受力机构，这是它们的基本区别。具体计算时，要考虑偏开洞对各有关量的影响。若不计偏开洞的影响，便是无洞墙梁的各计算公式。

【解】 本题为一单跨简支偏开洞墙梁，通过计算，不但能熟悉偏开洞墙梁的计算，也可以从中掌握无洞口墙梁的计算方法。

（一）已知设计资料如下：

用于第一种组合［即式 (5-3)］

屋盖荷载 $\quad\quad\quad\quad\quad\quad 1.2 \times 4.5 + 1.4 \times 0.7 = 6.38 \text{kN/m}^2$

三～四层楼盖荷载 $\quad\quad 1.2 \times 3.0 + 1.4 \times 2.0 = 6.4 \text{kN/m}^2$

二层楼盖荷载 $\quad\quad\quad 1.2 \times 3.5 + 1.4 \times 2.0 = 7.0 \text{kN/m}^2$

240mm 墙（两面粉刷）自重 $\quad 1.2 \times 5.32 = 6.33 \text{kN/m}^2$

120mm 墙（两面粉刷）自重 $\quad 1.2 \times 2.85 = 3.42 \text{kN/m}^2$

用于第二种组合［即式 (5-4)］

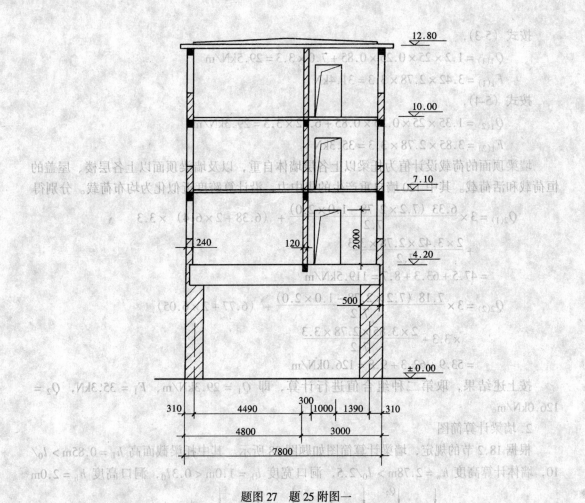

题图 27 题 25 附图一

屋盖荷载	$1.35 \times 4.5 + 0.7 = 6.77 \text{kN/m}^2$
三~四层楼盖荷载	$1.35 \times 3.0 + 2.0 = 6.05 \text{kN/m}^2$
二层楼盖荷载	$1.35 \times 3.5 + 2.0 = 6.72 \text{kN/m}^2$
240mm 墙（两面粉刷）自重	$1.35 \times 5.32 = 7.18 \text{kN/m}^2$
120mm 墙（两面粉刷）自重	$1.35 \times 2.85 = 3.85 \text{kN/m}^2$

房屋开间 3.3m。二层墙体由砖 MU15、水泥混合砂浆 M10 砌筑，施工质量控制等级 B级，$f = 2.31 \text{MPa}$。墙体计算高度 $h_w = 2.78 \text{m}$，墙内偏开门洞。

托梁截面尺寸为 250mm×850mm，支承长度为 500mm，支座中心距离为 7.18m，净跨 $l_n = 6.56 \text{m}$，$1.1 l_n = 1.1 \times 6.56 = 7.21 \text{m}$，取墙梁计算跨度 $l_0 = 7.18 \text{m} \approx 7.2 \text{m}$。外墙窗宽 1.8m。翼墙计算宽度 $b_f = 2 \times 3.5 h = 7 \times 240 = 1680 \text{mm} < 2 l_0 / 6$，取 $b_f = 1.68 \text{m}$。

托梁采用混凝土 C20，配置 HPB235 和 HRB335 级钢筋，$f_y = 210 \text{MPa}$ 和 $f_y = 300 \text{MPa}$。

（二）使用阶段墙梁的承载力计算

1. 墙梁上的荷载

托架顶面的荷载设计值为托梁自重、本层楼盖的恒荷载和活荷载，以及 120mm 墙产生的集中力。

按式 (5-3)，
$$Q_{1(1)} = 1.2 \times 25 \times 0.25 \times 0.85 + 7.0 \times 3.3 = 29.5 \text{kN/m}$$
$$F_{1(1)} = 3.42 \times 2.78 \times 3.3 = 31.4 \text{kN}$$

按式 (5-4)，
$$Q_{1(2)} = 1.35 \times 25 \times 0.25 \times 0.85 + 6.72 \times 3.3 = 29.3 \text{kN/m}$$
$$F_{1(2)} = 3.85 \times 2.78 \times 3.3 = 35.3 \text{kN}$$

墙梁顶面的荷载设计值为托梁以上各层墙体自重，以及墙梁顶面以上各层楼、屋盖的恒荷载和活荷载。其中120墙自重产生的集中力，沿计算跨度近似化为均布荷载。分别得

$$Q_{2(1)} = 3 \times \frac{6.33\ (7.2 \times 2.78 - 1.0 \times 2.0)}{7.2} + (6.38 + 2 \times 6.4) \times 3.3$$
$$+ \frac{2 \times 3.42 \times 2.78 \times 3.3}{7.2}$$
$$= 47.5 + 63.3 + 8.7 = 119.5 \text{kN/m}$$

$$Q_{2(2)} = 3 \times \frac{7.18\ (7.2 \times 2.78 - 1.0 \times 2.0)}{7.2} + (6.77 + 2 \times 6.05)$$
$$\times 3.3 + \frac{2 \times 3.85 \times 2.78 \times 3.3}{7.2}$$
$$= 53.9 + 62.3 + 9.8 = 126.0 \text{kN/m}$$

按上述结果，取第二种组合值进行计算，即 $Q_1 = 29.3 \text{kN/m}$、$F_1 = 35.3 \text{kN}$，$Q_2 = 126.0 \text{kN/m}$。

2. 墙梁计算简图

根据18.2节的规定，墙梁计算简图如题图28所示。其中托梁截面高 $h_b = 0.85\text{m} > l_0/10$，墙体计算高度 $h_w = 2.78\text{m} > l_0/2.5$，洞口宽度 $b_h = 1.0\text{m} < 0.3l_0$，洞口高度 $h_h = 2.0\text{m}$

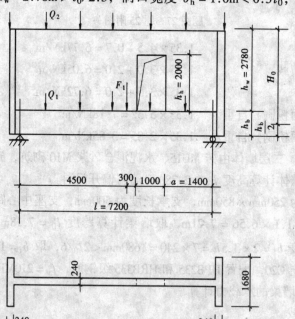

题图28 题25附图二

$< 5h_w/6$ 且 $h_w - h_h = 2.78 - 2 = 0.78\text{m} > 0.5\text{m}$，门洞洞距 $a = 1.7\text{m} > 0.075 l_0$ 且洞口处的墙肢宽度大于 $0.1 l_0$，均符合要求。

$$H_0 = h_w + \frac{h_b}{2} = 2.78 + \frac{0.85}{2} = 3.21\text{m}$$

3. 托梁正截面承载力计算

$$M_1 = \frac{1}{8} Q_1 l_0^2 + \frac{F_1 a_F}{2}$$

$$= \frac{1}{8} \times 29.3 \times 7.2^2 + \frac{35.3 \times 2.7}{2} = 189.9 + 47.6 = 237.5\text{kN} \cdot \text{m}$$

$$M_2 = \frac{1}{8} Q_2 l_0^2 = \frac{1}{8} \times 126.0 \times 7.2^2 = 816.5\text{kN} \cdot \text{m}$$

由式 (18-6)，

$$\psi_M = 4.5 - 10\frac{a}{l_0} = 4.5 - 10 \times \frac{1.4}{7.2} = 2.56$$

由式 (18-5)，

$$\alpha_M = \psi_M \left(1.7 \frac{h_b}{l_0} - 0.03\right) = 2.56 \left(1.7 \times \frac{0.85}{7.2} - 0.03\right) = 0.44$$

由式 (18-7)，

$$\eta_N = 0.44 + 2.1 \frac{h_w}{l_0} = 0.44 + 2.1 \times \frac{2.78}{7.2} = 1.25$$

由式 (18-3)

$$M_b = M_1 + \alpha_M M_2 = 237.5 + 0.44 \times 816.5 = 596.8\text{kN} \cdot \text{m}$$

由式 (18-4)，

$$N_{bt} = \eta_N \frac{M_2}{H_0} = 1.25 \times \frac{816.5}{3.21} = 318.0\text{kN}$$

$$e_0 = \frac{M_b}{N_{bt}} = \frac{596.8}{318.0} = 1.88\text{m} > \frac{h_b}{2} - a_s = \frac{0.85}{2} - 0.035 = 0.39\text{m}$$

按钢筋混凝土大偏心受拉构件进行计算：

取 $\xi = \xi_b = 0.55$；C30，$f_c = 14.3\text{N/mm}^2$；

$$e = e_0 - \frac{h_b}{2} + a_s = 1880 - \frac{850}{2} + 35 = 1490\text{mm}，得$$

$$A'_s = \frac{N_{bt} e - f_c b h_0^2 \xi_b (1 - 0.5\xi_b)}{f'_y (h_0 - a_s)}$$

$$= \frac{318000 \times 1490 - 14.3 \times 250 \times 800^2 \times 0.55(1 - 0.5 \times 0.55)}{300 \times (790 - 60)} < 0$$

按构造要求配筋，$A'_s = 0.002 \times 250 \times 800 = 400.0\text{mm}^2$，选用 3Φ14（$A'_s = 461.0\text{mm}^2$）

再求 A_s

$$\xi = 1 - \sqrt{1 - 2\frac{N_{bt} e - f'_y A'_s (h_0 - a'_s)}{f_c b h_0^2}}$$

$$= 1 - \sqrt{1 - 2\frac{318000 \times 1490 - 300 \times 461 \times (790 - 60)}{14.3 \times 250 \times 790^2}}$$

161

$$= 1 - \sqrt{1 - 2 \times 0.167} = 0.184 \begin{matrix} > \frac{2a'_s}{h_0} = \frac{2 \times 60}{790} = 0.15 \\ < 0.55 \end{matrix}$$

$$A_s = \frac{N_{bt} + f_c bx + f'_y A'_s}{f_y}$$

$$= \frac{318000 + 14.3 \times 250 \times 0.184 \times 790 + 300 \times 461}{300} = 3253.2 \text{mm}^2$$

选用 7 Φ 25 ($A_s = 3436\text{mm}^2$),$\rho = \frac{3436}{250 \times 790} = 1.74\% > 0.6\%$。

4. 托梁斜截面受剪承载力计算

$$V_1 = \frac{1}{2} Q_1 l_0 + \frac{F_1(l_0 - a_F)}{l_0}$$

$$= \frac{1}{2} \times 29.3 \times 7.2 + \frac{35.3(7.2 - 2.7)}{7.2} = 105.5 + 22.1$$

$$= 127.6 \text{kN}$$

$$V_2 = \frac{1}{2} Q_2 l_0 = \frac{1}{2} \times 126.0 \times 7.2 = 453.6 \text{kN}$$

由式(18-15),

$$V_b = V_1 + \beta_v V_2 = 127.6 + 0.7 \times 453.6 = 445.1 \text{kN}$$

托梁的斜截面受剪承载力,按钢筋混凝土受弯构件计算。
选用双肢箍筋 $\phi 10@200$,

$$\rho_{sv} = \frac{A_{sv}}{bs} = \frac{2 \times 78.5}{250 \times 200} = 0.31\% > \rho_{sv,\min}$$

$$= 0.24 \frac{f_t}{f_{yv}} = 0.24 \times \frac{1.43}{210} = 0.16\%$$

$$V_{cs} = 0.7 f_t b h_0 + 1.25 f_{yv} \frac{A_{sv}}{s} h_0$$

$$= \left[0.7 \times 1.43 \times 250 \times 790 + 1.25 \times 210 \times \frac{2 \times 78.5}{200} \times 790 \right] \times 10^{-3}$$

$$= 197.7 + 162.8 = 360.5 \text{kN}$$

由 $V - V_{cs} = 0.8 A_{sb} f_y \sin\alpha$ 得,

$$A_{sb} = \frac{V - V_{cs}}{0.8 f_y \sin\alpha} = \frac{(445.1 - 360.5) \times 10^3}{0.8 \times 300 \times \sin 60°} = 407.0 \text{mm}^2$$

选用 1 Φ 25 纵筋作弯起钢筋,$A_{sb} = 490.9 \text{mm}^2$,满足要求。

此弯起钢筋距支座边 200mm,弯起钢筋水平投影长度为 462mm,得第二排弯起钢筋处的剪力

$$V = V_b \left(1 - \frac{200 + 462}{0.5 \times 6560} \right) = 445.1(1 - 0.2) = 356.1 \text{kN} < V_{cs} \text{。故不需要第二排弯起钢筋。}$$

5. 墙体的受剪承载力计算

因 $\frac{b_f}{h} = \frac{1.68}{0.24} = 7$,取 $\xi_1 = 1.5$。$\xi_2 = 0.9$。

按式（18-14），

$$\xi_1\xi_2\left(0.2 + \frac{h_\text{b}}{l_0} + \frac{h_\text{t}}{l_0}\right)fhh_\text{w} = 1.5 \times \left(0.2 + \frac{0.85}{7.2} + \frac{0.24}{7.2}\right) \times 2.31 \times 240 \times 2780$$
$$= 1.5 \times 0.35 \times 2.31 \times 240 \times 2780$$
$$= 809.1 \times 10^3 \text{N} = 809.1\text{kN} > V_2$$

满足要求。

6. 托梁支座上部砌体局部受压承载力验算

由式（18-16）， $\zeta = 0.25 + 0.08\dfrac{1680}{240} = 0.81$

由式（18-17）， $\zeta fh = 0.81 \times 2.31 \times 240 = 449.1\text{kN/m} > Q_2$，满足要求。

(三) 施工阶段托梁的承载力验算

1. 托梁上的荷载

$Q_1 = 29.3 + \dfrac{1}{3}7.18 \times 7.2 = 46.5\text{kN/m}$（经计算洞顶以下实际分布的墙体自重小于此值）。

2. 托梁正截面受弯承载力验算

$$M_1 = \frac{1}{8}Q_1 l_0^2 = \frac{1}{8} \times 46.5 \times 7.2^2 = 301.3\text{kN}\cdot\text{m}$$

由

$$\alpha_\text{s} = \frac{M_1}{\alpha_1 f_\text{c} b h_0^2} = \frac{301.3 \times 10^6}{14.3 \times 250 \times 790^2} = 0.135$$

$$\gamma_\text{s} = \frac{1 + \sqrt{1 - 2\alpha_\text{s}}}{2} = \frac{1 + \sqrt{1 - 2 \times 0.135}}{2} = 0.927$$

得 $A_\text{s} = \dfrac{M_1}{f_\text{y}\gamma_\text{s}h_0} = \dfrac{301.3 \times 10^6}{300 \times 0.927 \times 790} = 1371.4\text{mm}^2$

小于按使用阶段的计算结果。

3. 托梁斜截面受剪承载力验算

$$V_1 = \frac{1}{2}Q_1 l_0 = \frac{1}{2}46.5 \times 7.2 = 167.4\text{kN} < 0.7f_\text{t}bh_0 = 197.7\text{kN}$$

对于托梁，最后应按使用阶段的计算结果进行配筋，见题图29。在 $\dfrac{l_0}{4} = \dfrac{7200}{4} = 1800\text{mm}$ 范围内，上部纵向钢筋为 5Φ14 + 2Φ16（1171mm²），其面积大于跨中下部纵向钢筋面积的1/3。

【题26】 挑梁的计算

某房屋中的挑梁，如题图30所示。试验算挑梁 TL-2 的抗倾覆和承载力。

解题思路：挑梁的计算分为挑梁抗倾覆，梁下砌体局部受压及梁的承载力三个部分。在抗倾覆计算中，需由挑梁埋入砌体的长度确定计算倾覆点，由挑梁尾端上部45°扩散角范围确定抗倾覆力矩。

【解】

(一) 已知设计资料

挑梁截面尺寸 240mm × 350mm。墙体由砖 MU10 和砂浆 M5 砌筑（$f = 1.50$MPa），墙厚

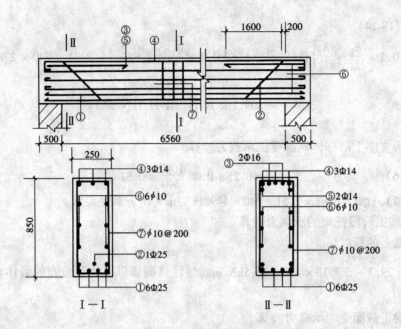

题图 29　题 25 附图三

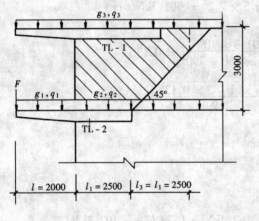

题图 30　题 26 附图一

240mm。开间 3.4m，有翼墙。作用于挑梁的荷载标准值为

$F_k = 4.1\text{kN}$, $g_{1k} = 9.8\text{kN/m}$, $q_{1k} = 8.5\text{kN/m}$，挑梁自重标准值为 1.05kN/m

$g_{2k} = 10.2\text{kN/m}$, $q_{2k} = 5.1\text{kN/m}$，挑梁自重标准值为 2.1kN/m，240mm 墙体自重标准值为 5.32kN/m²

（二）挑梁抗倾覆验算

1．计算倾覆点

因 $l = 2\text{m} > 2.2h_b = 2.2 \times 0.35 = 0.77\text{m}$，由式（19-5）确定计算倾覆点。

$x_0 = 0.3h_b = 0.3 \times 0.35 = 0.1\text{m}$

2．倾覆力矩

挑梁的荷载设计值对计算倾覆点的力矩，由 F、g_1、q_1 和挑梁自重产生，按式（5-6）得

$$M_{ov} = 1.2 \times 4.1 \times 2.1 + \frac{1}{2}[1.2(1.05 + 9.8) + 1.4 \times 8.5] \times 2.1^2$$

$$= 65.28\text{kN} \cdot \text{m}$$

3．抗倾覆力矩

挑梁的抗倾覆力矩，由挑梁尾端上部 45° 扩散角范围内本层的墙体、楼面和挑梁的恒荷载标准值产生。

由式（19-8），

$$M_r = 0.8\Big[(10.2+2.1)\times 2.5\Big(\frac{2.5}{2}-0.1\Big)+5.32\times 5\times 3\Big(\frac{5}{2}-0.1\Big)$$
$$-\frac{1}{2}\times 5.32\times 2.5\times 2.5\Big(2.5+\frac{2\times 2.5}{3}-0.1\Big)\Big]=0.8(35.36+191.52-67.61)$$
$$=127.4\text{kN}\cdot\text{m}$$

根据以上计算结果，按式（19-7）$M_r > M_{ov}$，挑梁抗倾覆满足要求。

（三）挑梁下砌体局部受压承载力验算

挑梁下的支承压力为

$$N_l = 2R = 2\{1.2\times 4.1+[1.2(1.05+9.8)+1.4\times 8.5]\times 2.1\}$$
$$=114.5\text{kN}$$
$$\eta\gamma f A_l = \eta\gamma f\times 1.2 b h_b = 0.7\times 1.5\times 1.5\times 1.2\times 240\times 350\times 10^{-3}$$
$$=158.8\text{kN} > N_l$$

满足要求。

（四）挑梁承载力计算

挑梁中钢筋混凝土梁的正截面和斜截面承载力，按钢筋混凝土受弯构件计算。确定梁的内力时，按理应取式（5-3）和式（5-4）中的最不利者，但"规范"规定 $M_{max}=M_{0v}$、$V_{max}=V_0$，这意味着该梁的内力按式（5-3）进行计算。为此，取梁的最大弯矩 $M_{max}=M_{0v}=65.28\text{kN}\cdot\text{m}$，最大剪力

$$V_{max}=V_0=1.2\times 4.1+1.2\times(1.05+9.8)\times 2+1.4\times 8.5\times 2=54.76\text{kN}$$

选用混凝土 C20（$f_c=9.6\text{N/mm}^2$）、HRB335 级钢筋（$f_y=300\text{N/mm}^2$）

由
$$\alpha_s = \frac{M_{max}}{\alpha_1 f_c b h_0^2} = \frac{65.28\times 10^6}{9.6\times 240\times 325^2} = 0.268$$

$$\gamma_s = \frac{1+\sqrt{1-2\alpha_s}}{2} = \frac{1+\sqrt{1-2\times 0.268}}{2} = 0.841$$

得
$$A_s = \frac{M_{max}}{f_y \gamma_s h_0} = \frac{65.28\times 10^6}{300\times 0.841\times 325} = 796.1\text{mm}^2$$

选用 4Φ16（$A_s = 804\text{mm}^2$）。

又因 $0.7 f_t b h_0 = 0.7\times 1.1\times 240\times 325\times 10^{-3}=60.1\text{kN}>V_0$，故按构造要求选用 φ6@200mm 的箍筋。

根据上述计算结果和配筋构造要求，该挑梁的配筋如题图 31 所示，图中有①2Φ16 伸至梁尾端，有②2Φ16 伸入支座的长度大于 $2l_1/3$。

【题 27】 雨篷的抗倾覆验算

某房屋中的雨篷，如题图 32 所示。试验算该雨篷的抗倾覆。

解题思路：挑梁一端嵌入砌体、一端悬挑，大多属弹性挑梁。而雨篷中的梁两端嵌入砌体，属刚性挑梁。因此，它们的抗倾覆验算有些区别，主要是在一些取值上不同。

【解】 已知设计资料为：雨篷板挑出长度 $l=1.2\text{m}$，雨篷梁截面 240mm×240mm，房屋层高为 3.6m；砖墙厚 240mm，两面粉刷各 20mm；挑梁上的施工或检修集中荷载 $F_k=1.0\text{kN}$，雨篷板和雨篷梁的恒荷载标准值分别为 5.95kN 和 4.03kN，墙体恒荷载标准值为 5.32kN/m²。

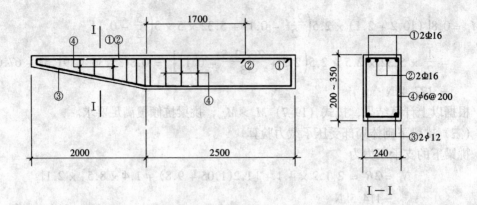

题图 31 题 26 附图二

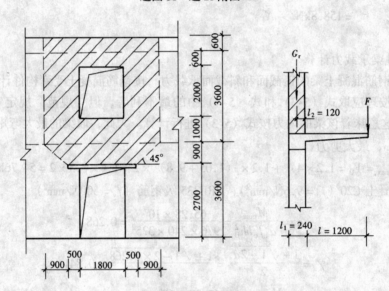

题图 32 题 27 附图

(一) 计算倾覆点

因 $l_1 = 0.24\text{m} < 2.2h_b = 2.2 \times 0.24 = 0.528\text{m}$,应由式 (19-6) 确定计算倾覆点,
$$x_0 = 0.13l_1 = 0.13 \times 0.24 = 0.03\text{m}$$

(二) 倾覆力矩

雨篷的荷载设计值对计算倾覆点的力矩由 F 和雨篷板自重产生,
$$M_{0v} = 1.2 \times 5.95 \times 0.63 + 1.4 \times 1.0 \times 1.23 = 6.22\text{kN·m}$$

(三) 抗倾覆力矩

雨篷的抗倾覆力矩由雨篷梁尾端上部 45°扩散角范围内的墙体和雨篷梁的恒荷载标准值产生。按式 (19-8),
$$M_r = 0.8\{4.03(0.12 - 0.03) + [(4.6 \times 0.9 - 0.9^2) \\ + (4.6 \times 4.2 - 1.8 \times 2.0)] \times 5.32(0.12 - 0.03)\} \\ = 7.58\text{kN·m}$$

根据以上计算结果,$M_r > M_{0v}$,雨篷抗倾覆满足要求。

【题 28】 混合结构房屋墙体的截面抗震承载力验算

某 5 层混合结构办公楼,平、剖面如题图 33 所示。除 1 层内、外纵墙墙厚为 370mm 外,其他墙厚均为 240mm,采用烧结普通砖 MU10、水泥混合砂浆 M5,施工质量控制等级 B 级。抗震设防烈度 7 度,设计基本地震加速度值为 0.10g,设计地震分组第一组,场地类别Ⅲ类。试验算该房屋墙体的截面抗震承载力。

解题思路:按《建筑抗震设计规范》,多层砌体房屋的抗震验算,一般只考虑两个主轴水平方向的地震作用,且采用底部剪力法。各层水平地震剪力求得后,通常选择承受荷载面积大或竖向压应力较小的墙段进行截面抗震承载力验算。

【解】 本房屋自室外地面至檐口的高度为 17.95m,层数为 5 层,其总高度和层数符合抗震规范的要求。此外,房屋的高宽比、抗震横墙的间距以及墙体的局部尺寸亦符合要求(这一校验往往易被忽视)。

(一)荷载资料

已知荷载资料如下:

1. 屋面荷载标准值

屋面恒荷载

30 厚 500×500 水泥砂浆板	$20 \times 0.03 = 0.6 \text{kN/m}^2$
120×120×180 砖墩	$\dfrac{19 \times 0.12 \times 0.12 \times 0.18}{0.5 \times 0.5} = 0.2 \text{kN/m}^2$
一毡二油绿豆沙	0.25kN/m^2
40 厚钢丝网细石混凝土	$25 \times 0.04 = 1.0 \text{kN/m}^2$
20 厚水泥砂浆找平层	$20 \times 0.02 = 0.4 \text{kN/m}^2$
120 厚预应力混凝土空心板(包括灌缝)	2.0kN/m^2
20 厚板底抹灰	0.34kN/m^2
	合计 4.79kN/m^2
屋面活荷载	0.7kN/m^2
屋面雪荷载	0.35kN/m^2

2. 楼面荷载标准值

楼面恒荷载

大理石地面	1.0kN/m^2
120 厚预应力混凝土空心板(包括灌缝)	2.0kN/m^2
20 厚板底抹灰	0.34kN/m^2
	合计 3.34kN/m^2
楼面活荷载	2.0kN/m^2

3. 其他荷载标准值

240 厚砖墙自重	5.24kN/m^2
370 厚砖墙自重	7.71kN/m^2
门窗自重	0.45kN/m^2

(二)重力荷载代表值计算

计算地震作用时,建筑的重力荷载代表值应取结构和构配件自重标准值和各可变荷载组合值之和。因房屋对称,按题图 33 平面取左半部进行计算。

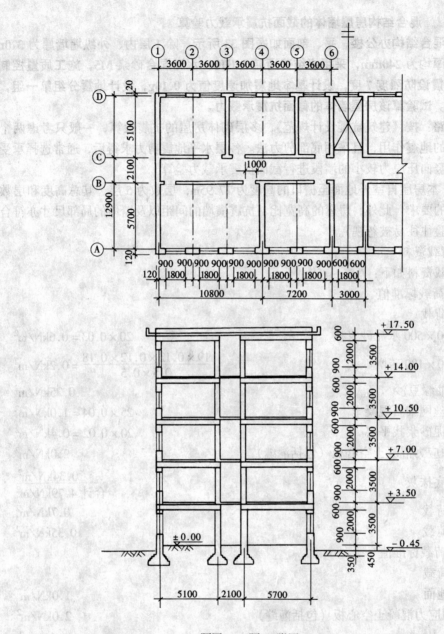

题图 33　题 28 附图一

1. 屋面荷载

   屋盖自重　　　　　　　　　　　　　　　　　$4.79 \times 19.5 \times 12.9 = 1204.9$ kN

   屋面雪荷载　　　　　　　　　　　　　　$0.5 \times 0.35 \times 19.5 \times 12.9 = 44.0$ kN

   （按抗震规范，不考虑屋面活荷载；屋面雪荷载组合值系数为 0.5）

   　　　　　　　　　　　　　　　　　　　　　　　　　　　　　合计 1248.9kN

2. 楼面荷载

   楼盖自重　　　　　　　　　　　　　　　　　$3.34 \times 19.5 \times 12.9 = 840.2$ kN

   楼面活荷载　　　　　　　　　　　　　　　$0.5 \times 2.0 \times 19.5 \times 12.9 = 251.6$ kN

合计 1091.8kN

3. 墙体自重

2~5层：

①轴每层横墙	$(12.9-0.24) \times 3.5 \times 5.24 = 232.2$ kN
③、⑤轴每层横墙	$(5.1-0.24) \times 3.5 \times 5.24 = 89.1$ kN
④轴每层横墙	$(5.7-0.24) \times 3.5 \times 5.24 = 100.1$ kN
⑥轴每层横墙	$89.1 + 100.1 = 189.2$ kN

Ⓐ、Ⓓ轴每层纵墙

$[(19.5+0.12) \times 3.5 - (5.5 \times 1.8 \times 2.0)] \times 5.24 + 5.5 \times 1.8 \times 2.0 \times 0.45$

$= 265.0$ kN

Ⓑ、Ⓒ轴每层纵墙

$[(18.0+0.24) \times 3.5 - (3 \times 1.0 \times 2.4)] \times 5.24 + 3 \times 1.0 \times 2.4 \times 0.45$

$= 300.0$ kN

1层：

①轴横墙	$(12.9-0.37) \times 4.4 \times 5.24 = 288.9$ kN
③、⑤轴横墙	$(5.1-0.37) \times 4.4 \times 5.24 = 109.1$ kN
④轴横墙	$(5.7-0.37) \times 4.4 \times 5.24 = 122.9$ kN
⑥轴横墙	$109.1 + 122.9 = 232.0$ kN

Ⓐ、Ⓓ轴纵墙

$[(19.5+0.12) \times 4.4 - (5.5 \times 1.8 \times 2.0)]$

$\times 7.71 + 5.5 \times 1.8 \times 2.0 \times 0.45$

$= 521.8$ kN

Ⓑ、Ⓒ轴纵墙

$[(18.0+0.24) \times 4.4 - (3 \times 1.0 \times 2.4)]$

$\times 7.71 + 3 \times 1.0 \times 2.4 \times 0.45$

$= 566.5$ kN

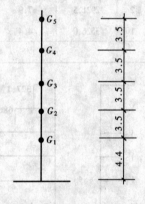

题图34 题28附图二

4. 集中于各质点的重力荷载代表值

各层的质量集中在楼、屋盖处，且各楼层仅考虑一个自由度。集中于各质点的重力荷载代表值（题图34）的计算结果如下：

$G_5 = 1248.9 + \frac{1}{2} \times (232.2 + 2 \times 89.1 + 100.1 + 189.2 + 2 \times 265.0 + 2 \times 300.0)$

$= 1248.9 + \frac{1}{2} \times 1829.7 = 2163.8$ kN

$G_4 = G_3 = G_2 = 1091.8 + 1829.7 = 2921.5$ kN

$G_1 = 1091.8 + \frac{1}{2} \times 1829.7 + \frac{1}{2} \times (288.9 + 2 \times 109.1 + 122.9 + 232.0 + 2 \times 521.8 + 2 \times 566.5)$

$= 1091.8 + \frac{1829.7}{2} + \frac{3038.6}{2} = 3526.0$ kN

总重力荷载代表值为

$$G_E = \sum_{i=1}^{5} G_i = 3526.0 + 3 \times 2921.5 + 2163.8 = 14454.3 \text{kN}$$

结构等效总重力荷载为

$$G_{eq} = 0.85 G_E = 0.85 \times 14454.3 = 12286.2 \text{kN}$$

（三）各层的水平地震剪力

本房屋具有两个正交主轴，只考虑主轴方向的水平地震作用。

结构总水平地震作用标准值为

$$F_{Ek} = \alpha_1 G_{eq} = 0.08 \times 12286.2 = 982.9 \text{kN}$$

按底部剪力法，各层的水平地震作用标准值 F_i、水平地震剪力标准值 V_i 和设计值 $1.3V_i$ 的计算结果列于下表及题图35。

各层的地震剪力

层次	G_i (kN)	H_i (m)	$G_i H_i$	$\dfrac{G_i H_i}{\Sigma G_j H_j}$	$F_i = \dfrac{G_i H_i}{\Sigma G_j H_j} F_{Ek}$ (kN)	$V_i = \Sigma F_i$ (kN)	$1.3 V_i$ (kN)
5	2163.8	18.4	39813.92	0.256	251.6	251.6	327.1
4	2921.5	14.9	43530.35	0.281	276.2	527.8	686.1
3	2921.5	11.4	33305.10	0.214	210.4	738.2	960.0
2	2921.5	7.9	23079.85	0.149	146.5	884.7	1150.1
1	3526.0	4.4	15514.40	0.100	98.3	983.0	1277.9
合计			155243.62				

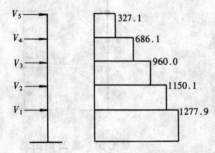

题图35　题28附图三

（四）墙体截面抗震承载力验算

通常选择最不利墙段进行验算。在房屋中何墙段为最不利，一方面是承受竖向压应力较小的墙段以及承受重力荷载面积较大的墙段，另一方面又是作用较大剪力而墙体受剪面积较小或砌体抗剪强度较低的墙段。本例中选择第5层、第2层和第1层的④轴横墙和Ⓐ轴纵墙进行验算。

本房屋采用普通预制板的装配式钢筋混凝土楼、屋盖，房屋刚度介于现浇整体式钢筋混凝土等刚性楼盖建筑的刚度和木楼盖等柔性楼盖建筑的刚度之间，各层水平地震剪力的分配取上述两种分配结果的平均值，即

$$V_{im} = \frac{1}{2}\left[\frac{D_{im}}{\sum_{j=1}^{k} D_{ij}} + \frac{A_{G,im}}{A_{G,i}}\right] V_i$$

式中　V_{im}——由第 i 层第 m 道横墙承受的楼层地震剪力；

D_{im}——第 i 层第 m 道横墙的层间抗侧力刚度；

$A_{G,im}$——第 i 层第 m 道横墙分担的重力荷载面积；

$A_{G,i}$——第 i 层横墙的总重力荷载面积。

考虑到本房屋中墙体的高宽比小于 1 等因素，上式中第一项可简化为按墙体净截面面积比例分配。

1. 第 5 层④轴横墙截面抗震承载力验算

第 5 层④轴横墙净面积

$$A_{54} = (5.7 - 0.24) \times 0.24 = 1.31 \text{m}^2$$

第 5 层横墙总净面积

$$A_5 = [(12.9 - 0.24) + 3 \times (5.1 - 0.24) + 2 \times (5.7 - 0.24)] \times 0.24$$
$$= 9.16 \text{m}^2$$

第 5 层④轴横墙分担的重力荷载面积（题图 36）：

$$A_{G,54} = (3.6 + 5.4) \times (5.7 + 1.05 - 0.12) = 59.67 \text{m}^2$$

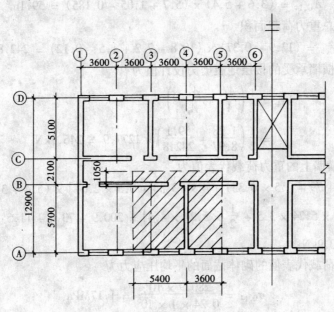

题图 36 题 28 附图四

第 5 层横墙总重力荷载面积

$$A_{G,5} = (12.9 - 0.24) \times (10.8 + 7.2 + 1.5 - 0.12) = 245.4 \text{m}^2$$

由上述分析可知，第 5 层④轴横墙承受的楼层地震剪力设计值为

$$V_{54} = \frac{1}{2}\left(\frac{A_{54}}{A_5} + \frac{A_{G,54}}{A_{G,5}}\right)V_5 = \frac{1}{2}$$
$$\times \left(\frac{1.31}{9.16} + \frac{59.67}{245.4}\right) \times 327.1 = 63.2 \text{kN}$$

对应于重力荷载代表值的第 5 层横墙截面的平均压应力为

$$\sigma_{0,54} = \frac{1248.9 \times 10^3}{9.16 \times 10^6} + \frac{100.1 \times 10^3}{2 \times 1.31 \times 10^6} = 0.136 + 0.038 = 0.174 \text{MPa}$$

由 M5，$f_{v0} = 0.11 \text{MPa}$

$\sigma_{0,54}/f_{v0} = 0.174/0.11 = 1.58$，查表 3-1 得 $\zeta_N = 1.08$

由式（3-7），$f_{VE} = 1.08 \times 0.11 = 0.12\text{MPa}$

按式（20-1）$\dfrac{1}{\gamma_{RE}} f_{VE} A = \dfrac{1}{1.0} \times 0.12 \times 1.31 \times 10^3 = 157.2\text{kN} > 63.2\text{kN}$，安全。

2．第1层④轴横墙截面抗震承载力验算

第1层④轴横墙净面积

$$A_{14} = (5.7 - 0.37) \times 0.24 = 1.28\text{m}^2$$

第1层横墙总净面积

$$A_1 = [(12.9 - 0.37) + 3 \times (5.1 - 0.37) + 2 \times (5.7 - 0.37)] \times 0.24$$
$$= 8.97\text{m}^2$$

第1层④轴横墙分担的重力荷载面积：

$$A_{G,14} = (3.6 + 5.4) \times (5.7 + 1.05 - 0.185) = 59.1\text{m}^2$$

第1层横墙总重力荷载面积

$$A_{G,1} = (12.9 - 0.37) \times (10.8 + 7.2 + 1.5 - 0.12) = 242.8\text{m}^2$$

第1层④轴横墙承受的楼层地震剪力设计值为

$$V_{14} = \dfrac{1}{2}\left(\dfrac{A_{14}}{A_1} + \dfrac{A_{G,14}}{A_{G,1}}\right) V_1$$
$$= \dfrac{1}{2}\left(\dfrac{1.28}{8.97} + \dfrac{59.1}{242.8}\right) \times 1277.9 = 246.7\text{kN}$$

④轴1m长横墙上的重力荷载代表值为

$$[(4.79 + 0.5 \times 0.35) + 4 \times (3.34 + 0.5 \times 2.0)] \times (5.4 + 3.6) +$$
$$\left(4 \times 5.24 \times 3.5 + \dfrac{1}{2} \times 5.24 \times 4.4\right) = 200.9 + 73.4 + 11.5$$
$$= 280.9\text{kN}$$

对应于重力荷载代表值的砌体截面的平均压应力为

$$\sigma_{0,14} = \dfrac{280.9 \times 10^3}{0.24 \times 1 \times 10^6} = 1.17\text{MPa}$$

由 M5，$f_{V0} = 0.11\text{MPa}$

$\sigma_{0,14}/f_{V0} = 1.17/0.11 = 10.6$，查表3-1，得 $\zeta_N = 1.99$

由式（3-7），$f_{VE} = 1.99 \times 0.11 = 0.22\text{MPa}$

按式（20-1），$\dfrac{1}{\gamma_{RE}} f_{VE} A = \dfrac{1}{1.0} \times 0.22 \times 1.28 \times 10^3 = 281.6\text{kN} > 246.7\text{kN}$，安全。

（对于第2层④轴横墙，可不作验算。）

3．第5层Ⓐ轴纵墙截面抗震承载力验算

对于纵墙的地震剪力，可按墙体净截面面积的比例分配。

第五层Ⓐ轴纵墙的净面积

$$A_{5A} = [(19.5 + 0.12) - (5.5 \times 1.8)] \times 0.24 = 2.33\text{m}^2$$

第5层纵墙总净面积

$$A_5 = 2 \times 2.33 + 2 \times [(18.0 + 0.24) - (3 \times 1.0)] \times 0.24$$
$$= 11.98\text{m}^2$$

第5层Ⓐ轴纵墙承受的楼层地震剪力设计值为

$$V_{5A} = \frac{A_{5A}}{A_5} V_5 = \frac{2.33}{11.98} \times 327.1 = 63.6 \text{kN}$$

对应于重力荷载代表值的第5层纵墙截面的平均压应力为

$$\sigma_{0,5A} = \frac{1248.9 \times 10^3}{11.98 \times 10^6} + \frac{265.0 \times 10^3}{2 \times 2.33 \times 10^6}$$
$$= 0.104 + 0.057 = 0.161 \text{MPa}$$

$\sigma_{0,5A}/f_{V0} = 0.161/0.11 = 1.46$，查表3-1得 $\zeta_N = 1.06$

由式（3-7），$f_{VE} = 1.06 \times 0.11 = 0.1 \text{MPa}$

按式（20-1），$\frac{1}{\gamma_{RE}} f_{VE} A = \frac{1}{1.0} \times 0.1 \times 2.33 \times 10^3 = 233.0 \text{kN} > 63.6 \text{kN}$，安全。

4. 第2层Ⓐ轴纵墙截面抗震承载力验算

由上述计算知 $A_{2A} = 2.33 \text{m}^2$，$A_2 = 11.98 \text{m}^2$

第2层Ⓐ轴纵墙承受的楼层地震剪力设计值为

$$V_{2A} = \frac{A_{2A}}{A_2} V_2 = \frac{2.33}{11.98} \times 1150.1 = 223.7 \text{kN}$$

Ⓐ轴纵墙上的重力荷载代表值为

$$[(4.79 + 0.5 \times 0.35) + 3 \times (3.34 + 0.5 \times 2.0)] \times \frac{5.7}{2} \times 19.5 + 3.5 \times 265.0$$
$$= 999.5 + 927.5 = 1927.0 \text{kN}$$

对应于重力荷载代表值的第2层Ⓐ轴纵墙截面的平均压应力为

$$\sigma_{0,2A} = \frac{1927.0 \times 10^3}{2.33 \times 10^6} = 0.827 \text{MPa}$$

$\sigma_{0,2A}/f_{V0} = 0.827/0.11 = 7.52$，查表3-1得 $\zeta_N = 1.74$

$f_{VE} = 1.74 \times 0.11 = 0.19 \text{MPa}$

按式（20-1）$\frac{1}{\gamma_{RE}} = f_{VE} A = \frac{1}{1.0} \times 0.19 \times 2.33 \times 10^3 = 442.7 \text{kN} > 223.7 \text{kN}$，安全。

5. 第1层Ⓐ轴纵墙截面抗震承载力验算

第1层Ⓐ轴纵墙的净面积

$$A_{1A} = [(19.5 + 0.12) - (5.5 \times 1.8)] \times 0.37 = 3.60 \text{m}^2$$

第1层纵墙总净面积

$$A_1 = 2 \times 3.60 + 2 \times [(18.5 + 0.24) - (3 \times 1.0)] \times 0.37$$
$$= 18.48 \text{m}^2$$

第1层Ⓐ轴纵墙承受的楼层地震剪力设计值为

$$V_{1A} = \frac{A_{1A}}{A_1} V_1 = \frac{3.60}{18.48} \times 1277.9 = 248.9 \text{kN}$$

Ⓐ轴纵墙上的重力荷载代表值为

$$[(4.79 + 0.5 \times 0.35) + 4 \times (3.34 + 0.5 \times 2.0)] \times \frac{5.7}{2} \times 19.5$$
$$+ 4 \times 265.0 + \frac{1}{2} \times 521.8 = 1240.7 + 1060.0 + 260.9 = 2561.6 \text{kN}$$

对应于重力荷载代表值的第1层Ⓐ轴纵墙截面的平均压应力为

$$\sigma_{0,1A} = \frac{2561.6 \times 10^3}{3.6 \times 10^6} = 0.711 \text{MPa}$$

$\sigma_{0,1A}/f_{V0} = 0.711/0.11 = 6.46$，查表3-1得 $\zeta_N = 1.65$

$$f_{VE} = 1.65 \times 0.11 = 0.18 \text{MPa}$$

按式（20-1），$\dfrac{1}{\gamma_{RE}} f_{VE} A = \dfrac{1}{1.0} \times 0.18 \times 3.60 \times 10^3 = 648.0 \text{kN} > 248.9 \text{kN}$，安全。

参 考 文 献

[1] 施楚贤主编. 普通高等教育土建学科专业"十五"规划教材 砌体结构. 北京：中国建筑工业出版社，2003
[2] 施楚贤主编. 砌体结构理论与设计（第二版）. 北京：中国建筑工业出版社，2003
[3] 砌体结构设计规范（GB 50003—2001）. 北京：中国建筑工业出版社，2002
[4] 建筑抗震设计规范（GB 50011—2001）. 北京：中国建筑工业出版社，2001
[5] 砌体工程施工质量验收规范（GB 50203—2002）. 北京：中国建筑工业出版社，2002
[6] 苑振芳主编. 砌体结构设计手册（第三版）. 北京：中国建筑工业出版社，2002
[7] Building Code Requirements for Masonry Structures（ACI530-02/ASCE 5-02/TMS 402-02）and Specification for Masonry Strurtures（ACI530.1-02/ASCE 6-02/TMS 602-02），2002
[8] Code of practice for use of masonry. BS5628-1：1992 and BS5628-2：2000